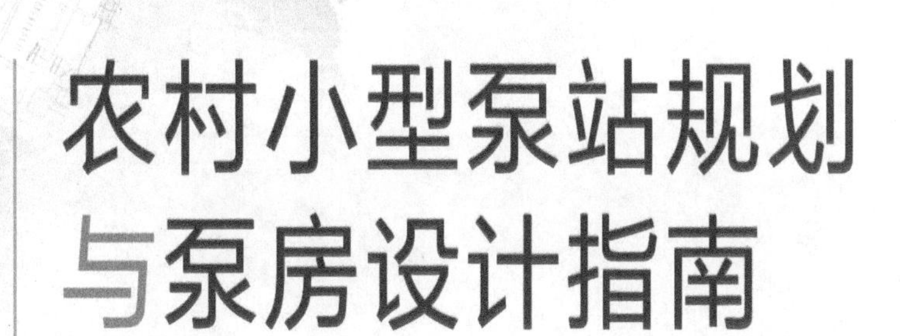

农村小型泵站规划与泵房设计指南

葛恒军　李 斌　仇锦先◎编著

河海大学出版社
HOHAI UNIVERSITY PRESS
·南京·

图书在版编目(CIP)数据

农村小型泵站规划与泵房设计指南 / 葛恒军，李斌，仇锦先编著. -- 南京 : 河海大学出版社，2023.12
ISBN 978-7-5630-8781-5

Ⅰ. ①农… Ⅱ. ①葛… ②李… ③仇… Ⅲ. ①泵站-水利工程管理-指南 Ⅳ. ①TV675-62

中国国家版本馆 CIP 数据核字(2023)第 241897 号

书　　名　农村小型泵站规划与泵房设计指南
　　　　　NONGCUN XIAOXING BENGZHAN GUIHUA YU BENGFANG SHEJI ZHINAN
书　　号　ISBN 978-7-5630-8781-5
责任编辑　张心怡
责任校对　金　怡
封面设计　张世立
出版发行　河海大学出版社
地　　址　南京市西康路 1 号(邮编:210098)
电　　话　(025)83737852(总编室)　(025)83722833(营销部)
经　　销　江苏省新华发行集团有限公司
排　　版　南京布克文化发展有限公司
印　　刷　广东虎彩云印刷有限公司
开　　本　850 毫米×1168 毫米　1/16
印　　张　7
字　　数　193 千字
版　　次　2023 年 12 月第 1 版
印　　次　2023 年 12 月第 1 次印刷
定　　价　58.00 元

前言 Preface

中华人民共和国成立以来，我国农村水利历经从除水害到兴水利、从解决生存环境到提高综合生产能力、从农业的基础保障到整个国民经济的命脉，实现了从传统水利到现代水利、可持续发展水利的巨大转变，面广量大的小型泵站作为农田水利建设的重要组成部分，在保障人民生命财产安全、粮食安全、生态安全，以及地区经济社会发展、乡村振兴等方面发挥了重要的支撑作用。

水利部《水文化建设规划纲要(2011—2020 年)》强调，水利发展过程中应加强水文化、水景观等精神文化层面的建设。小型泵站不仅承担着农田灌溉、排水功能，同时也具有一定的景观、文化价值。为了使农村泵房适应新时代美丽乡村的发展要求，实现泵房设计艺术特性与自然和谐，需要充分挖掘小型泵站建筑元素的景观功能，将工程建设有机融入自然景观之中，促进工程、景观和文化的自然融合。

本书在分析小型泵站在新农村建设中的重要地位与景观价值的基础上，分别介绍了小型泵站规划设计、不同结构型式泵房布置和不同建筑风格泵房设计方案，突出泵房设计的艺术造型，并给出了小型泵站四种风格艺术设计图集和三个典型案例。全书共分为两部分，第一部分为规划设计，包括第一章绪论、第二章小型泵站规划设计概要和第三章泵房建筑方案设计；第二部分为设计图集，包括第四章小型泵站四种风格艺术设计图集和第五章小型泵房艺术设计典型案例。

本书由葛恒军、李斌、仇锦先编著。写作过程中得到了扬州市勘测设计研究院有限公司杨春艳、王浩成等同志，以及扬州大学程吉林、王冬梅、刘博等同志的指导与帮助。

本书可作为从事农村水利工程规划设计、建设管理工作的技术人员和研究人员的参考书，也可作为高等学校农业水利工程、水利水电工程等专业本科生和研究生教学参考用书。

农村小型泵站类型多、分布广，建筑因地制宜、风格各异，书中难免出现疏漏、不当之处，恳请广大读者批评指正！

作者

2023 年 6 月

目录 Contents

第一部分　规划设计

第二部分　设计图集

第一部分

规划设计

第一章 绪论

1.1 小型泵站建设事关国家粮食安全

1.1.1 国家粮食安全面临的挑战

民为国基，谷为民命。粮食事关国运民生，粮食安全是国家安全的重要基础。中华人民共和国成立后，中国始终把解决人民吃饭问题作为治国安邦的首要任务。70多年来，在中国共产党的领导下，经过艰苦奋斗和不懈努力，中国在农业基础十分薄弱、人民生活极端贫困的基础上，依靠自己的力量实现了粮食基本自给，不仅成功解决了近14亿人口的吃饭问题，而且居民生活质量和营养水平显著提升，粮食安全取得了举世瞩目的巨大成就。

党的十八大以来，以习近平同志为核心的党中央把粮食安全作为治国理政的头等大事，提出了“确保谷物基本自给、口粮绝对安全”的新粮食安全观，确立了“以我为主、立足国内、确保产能、适度进口、科技支撑”的国家粮食安全战略，走出了一条中国特色粮食安全之路。中国坚持立足国内保障粮食基本自给的方针，实行最严格的耕地保护制度，实施“藏粮于地、藏粮于技”战略，持续推进农业供给侧结构性改革和体制机制创新，粮食生产能力不断增强，粮食流通现代化水平明显提升，粮食供给结构不断优化，粮食产业经济稳步发展，更高层次、更高质量、更有效率、更可持续的粮食安全保障体系逐步建立，国家粮食安全保障更加有力，中国特色粮食安全之路越走越稳健、越走越宽广。尽管目前我国粮食安全取得了巨大成就，但在新时代仍然面临严峻的挑战。

(1) 水旱灾害

我国是水旱灾害频发的国家，中华民族的发展史，也是一部与水旱灾害的抗争史。上古时期，干旱和洪水就开始在中原大地泛滥，百姓流离失所，严重影响了社会生活。后裔射日和大禹治水就是其中最广为流传的神话故事，无不彰显了中华民族同水旱灾害的斗争精神。在还没有系统的气象、水文统计资料之前，关于水旱的记载，散见于各类历代史书、地方志、宫廷档案、实录、碑刻以及其他文物资料中。据历史记载，中国在公元前206年到1949年的2155年间，发生较大的水灾1 029次，较重的旱灾1 056次。1949年以后统计资料显示，全国平均每年水旱灾的受灾面积约4亿亩(1亩≈666.7平方米)，其中减产三成以上的成灾面积平均每年约1.6亿多亩。在受灾面积中，旱灾3亿亩，水灾1亿亩；在成灾面积中，旱灾1亿亩，水灾0.6亿多亩。这中间涌现出诸如大禹、孙叔敖、李冰、范仲淹、郭守敬、林则徐等多位抗旱治水人物。

中国的降水量受海陆分布、地形和季风等因素影响，地区分布差异大，年际变率大，年内季节分配不均。降水自东南沿海向西北内陆递减，将近一半国土的降水量少，气候干燥，属干旱、半干旱地区。全国大部分地区为季风气候，受夏季风的影响，雨季比较集中，雨带由南向北逐渐推移。东南各省的多雨季节在不同地区分别为3—6月或4—7月，占年降水量的50%～60%。华北、东北、西北、西南地区，6—9月为雨季，4个月的总雨量占年降水量的70%～80%，雨季中常有暴雨，易造成洪涝灾害。在其他季节，因雨水少，易发生干旱，而南方沿江各省易伏旱。季风的强弱、进退早晚和持续时间历年不同，影响到江淮流域的梅雨期。黄淮海平原出现旱和涝都比较频繁。华南地区雨季长，登陆台风次数多，洪涝次数较多，但在秋、冬、春季也常出现旱情。长江流域发生全流域性的旱、涝机会不大，往往上游地区旱多于涝，中游地区旱稍多于涝，下游地区受台风影响，涝稍多于旱。西北地区和云贵高原主要是以旱为主，东北地区是西部易旱，东部易涝。我国旱灾波及的范围广，持续时间长，有时可达数月，甚至连旱几年，对农业生产威胁最大。

在16世纪至19世纪的400年间，全国出现受旱范围在200个县以上的大旱有8年。其中有的数年连旱，例如1640年的大旱，起于1637年，有的地区甚至持续了6年。据记载，这次大旱"京师、河北、河南、山东、山陕皆大旱，树皮食尽，人相食"。自20世纪以来，1920年、1921年、1928年、1934年和1942年旱情严重。自1949年以来，干旱重的年份是1959年、1960年、1961年、1966年、1972年和1978年，以1972年和1978年为最严重，1959年至1961年甚至出现了三年连续干旱。近年来，随着气候变化进程的加剧，水旱灾害愈发频繁。2021年7月18日至7月21日，河南省郑州市出现罕见持续降雨天气过程，全市普降大暴雨、特大暴雨，累计平均降水量449毫米，导致严重城市内涝、河流洪水、山洪滑坡等多灾并发。此次事件造成了重大人员伤亡和财产损失。2022年长江流域出现罕见高温干旱事件，甚至出现了"汛期返枯"现象。此干旱事件持续时间长、作用范围广，大量河流出现断流，长江流域旱情在当年8月份达到高峰，耕地受旱面积达442万公顷，大约有129万人的饮水受到威胁，鄱阳湖水面面积大幅减小，水力发电大省四川省甚至出现无电可用的情况。

(2) 全球变暖

全球气候变暖是一种与自然有关的现象，由于温室效应不断积累，导致地-气系统吸收与发射的能量不平衡，能量不断在地-气系统累积，从而导致温度上升，造成全球气候变暖。自工业革命以来，由于人们焚烧化石燃料，如石油、煤炭等，或砍伐森林并将其焚烧时会产生大量的二氧化碳，即温室气体，这些温室气体对来自太阳辐射的可见光具有高度透过性，而对地球发射出来的长波辐射具有高度吸收性，能强烈吸收地面辐射中的红外线，导致地球温度上升，即产生温室效应。1981—1990年全球平均气温比100年前上升了0.48℃。2019年，全球气候变暖加速，物候期提前、冰川消融、海平面上升，多项历史纪录被刷新，气候极端性增强。2019年，全球平均温度较工业化前水平高出约1.1℃，是有完整气象观测记录以来第二暖的年份。

全球变暖对农作物会产生多方面的影响，已经成为威胁全球粮食安全的重要因素之一。全球变暖通常会提升作物的生长速率，使得作物营养生长期变短，甚至中断或终止作物的正常生育过程，导致农作物减产。同时，地表温度上升会增加农作物的呼吸消耗，影响光合作用的进行，导致作物籽粒灌浆不充分，作物产量和品质下降。当气温过高时，作物叶片会加快成熟且过快衰老，因而光合作用持续时间大幅度缩短，减缓作物光合作用。气候变化促使地表温度升高，从而导致土壤微生物活性提升，加速了土壤有机质和氮的流失，造成土壤退化、侵蚀、盐渍化的现象时有发生，削弱了农业生态系统抵御自然灾害的能力。二氧化碳浓度升高导致大气温度升高，从而带来的作物病、虫、草害的增加也直接影响到作物的健康良性生长。同时，区域热量条件的改变影响着全球水循环过程，改变了区域降水量和降水分布的格局，增加了洪涝、干旱等降水极端事件的发生。同时，由全球气候的极端变化引发的低温冷害、热害等气候灾害也时有发生。

(3) 土地利用转型

土地是人类赖以生存和发展的物质基础，是社会生产的劳动资料，是一切生产和一切存在的源泉，是不能出让的存在条件。城市土地，不仅与劳动、技术、资本同为城市经济发展的生产要素，也为城市产业发展提供了空间和场所，土地资源的价值要借助其他产业的开发才能得以实现。以可持续发展的观点看，土地资源的不可毁灭性、不可消耗性要求其必须得到合理、高效的开发利用，而不仅仅是作为社会保障的资源，需要深入研究土地利用优化与产业结构调整的内在关联。土地利用方式是否合理，直接影响和制约着城市产业结构的发展演进；而产业结构是否有序优化，也影响着土地的利用方式、结构和空间布局，最终影响到土地资源的配置和利用效益。随着中国经济的快速发展和人口的不断增加，在各项建设占用大量耕地和生态退耕与环境保护措施的双重影响下，中国的耕地面积在持续减少。对中国耕地随时间变化规律的认识及其空间分布变化趋势的把握已成为重要的研究内容，这对于研究区域粮食安全和区域可持续发展也有重要的指导意义。随着耕地保护有关政策法规的实施和执行，耕地减少的速率放缓，耕地保护效果却并不乐观。建设用地对耕地的占用持续强烈并有加强趋势，生态建设占用耕地是生态脆弱地区耕地面积减少的主要原因，对耕地的占用比例仅次于建设用地。对草地、林地的开垦是全国新增耕地的主要来源，对未利用土地的占用有增强趋势，近年来，包括盐碱地、沼泽地，甚至是沙地、戈壁等未利用土地被改造成耕地，同时也会带来区域水资源和环境等方面的一系列问题，尤应慎重。

1.1.2　小型泵站助力国家粮食安全

俗话说：“有收无收在于水，多收少收在于肥。”研究结果表明，在影响粮食生产的诸多要素中，水的增产效用最为突出，1 亩水浇地的收益是 1 亩旱地的 2～4 倍，水利对粮食生产的贡献率达到 40%以上。70 多年来，我们通过一条具有中国特色的灌溉农业之路，牢牢端稳自己的饭碗，创造了令世界刮目相看的奇迹。70 多年来，我国持续开展了以发展灌溉面积为核心的大规模农田水利建设，全国耕地灌溉面积由 1949 年的 2.4 亿亩增长到 2022 年的 10.55 亿亩，以约占全国 55%的耕地灌溉面积，生产了全国 77%的粮食和 90%以上的经济作物。经过大规模灌区建设与改造，大中型灌区发展到 7 800 多处，依托小型泵站、机井、塘堰等发展起来的小型灌区、灌溉片多达 2 000 多万处，基本形成了较为完善的农田灌排体系，灌溉用水效率和效益大幅度提高，为保障我国粮食安全及主要农产品供给、保障农民持续增收、促进现代农业发展和水资源可持续利用，作出了不可替代的重大贡献。

中华人民共和国成立前，水利基础设施严重缺乏，水利工程破败、失修，灌排能力严重不足，粮食生产能力低下，一遇大的旱涝灾害，往往赤地千里，饿殍遍野。中华人民共和国成立后，为解决粮食短缺问题，党带领全国人民掀起了农田水利建设高潮，兴建了淠史杭、位山、红旗渠等一批 30 万亩以上的大型灌区。随着经济社会的快速发展，人增、地减、水缺的矛盾日益突出。如何在维护社会和谐发展的同时继续保持粮食稳产增收成为亟须解决的问题。2011 年，中央一号文件和中央水利工作会议更是要求把节水灌溉作为一项战略性、根本性措施来抓。党的十八大以后，既要保粮食安全，又要保生态安全，成为灌区建设面临的新课题。2014 年，习近平总书记在关于保障国家水安全的重要讲话中，把节水优先放在新时期治水思路的首要位置，指明了发展高效节水灌溉的努力方向。2017 年，水利部联合国家发展改革委、财政部、农业部、国土资源部印发《“十三五”新增 1 亿亩高效节水灌溉面积实施方案》，联合国家发展改革委印发《全国大中型灌区续建配套节水改造实施方案(2016—2020 年)》

等，为落实节水优先、“藏粮于地”战略提供了政策途径。

小型泵站作为农田水利建设的重要组成部分，具有量大面广的特点。农田灌溉排涝是水利工程建设中的重要内容，直接关系到粮食生产安全和农村社会的和谐，是广大农民极为关心的重要水利基础设施。随着农田水利工程的建设以及相关工程的不断完善，诸多地区在发展过程中逐步建设成中小型水泵站，确保整体灌溉排涝的效率得到提升，中小型泵站广泛应用于丘陵、平原等诸多地区。2019 年 11 月，国务院办公厅印发的《国务院办公厅关于切实加强高标准农田建设提升国家粮食安全保障能力的意见》明确提出，到 2022 年，全国要建成 10 亿亩高标准农田；2021 年 9 月，《全国高标准农田建设规划(2021—2030 年)》公布，提出到 2030 年，中国要建成 12 亿亩高标准农田，以此稳定保障 1.2 万亿斤以上粮食产能。小型泵站是高标准农田的重要组成部分，对于实现“旱涝保收、稳产高产”，改善农业生产条件，保障粮食安全和促进农村经济发展、农民增收具有巨大作用。

1.2　小型泵站工程战略需求和价值体现

1.2.1　乡村振兴战略需求

乡村是具有自然、社会、经济特征的地域综合体，兼具生产、生活、生态、文化等多重功能，与城镇互促互进、共生共存，共同构成人类活动的主要空间。乡村兴则国家兴，乡村衰则国家衰。我国人民日益增长的美好生活需要和不平衡不充分的发展之间的矛盾在乡村最为突出，我国仍处于社会主义初级阶段，它的特征很大程度上表现在乡村。实施乡村振兴战略，是解决新时代我国社会主要矛盾、实现“两个一百年”奋斗目标和中华民族伟大复兴中国梦的必然要求，具有重大现实意义和深远历史意义。

中共中央、国务院连续发布中央一号文件，对新发展阶段优先发展农业农村、全面推进乡村振兴作出总体部署，为做好当前和今后一个时期“三农”工作指明了方向。2018 年 3 月，国务院总理在《政府工作报告》中讲到，大力实施乡村振兴战略。2018 年 9 月，中共中央、国务院印发了《乡村振兴战略规划(2018—2022 年)》。2021 年 2 月，《中共中央 国务院关于全面推进乡村振兴加快农业农村现代化的意见》即中央一号文件发布，这是 21 世纪以来第 18 个指导“三农”工作的中央一号文件。2021 年 3 月，发布了《中共中央 国务院关于实现巩固拓展脱贫攻坚成果同乡村振兴有效衔接的意见》，提出重点工作。美丽乡村建设是乡村振兴的重要组成部分和实现途径。相对于城市而言，我国农村基础设施和民生领域欠账较多，农村环境和生态问题比较突出。《全国农村环境综合整治“十三五”规划》显示，我国仍有 40％的建制村没有垃圾收集处理设施，78％的建制村未建设污水处理设施，40％的畜禽养殖废弃物未得到资源化利用或无害化处理。全面建设社会主义现代化国家，既要建设繁华的城市，也要建设繁荣的农村。必须把乡村建设摆在社会主义现代化建设的重要位置，切实加强农村基础设施和公共服务体系建设，缩小城乡发展差距。美丽乡村建设不仅是社会主义新农村建设的积极探索，也是“美丽中国”和生态文明在中国农村的重要实践形式，具有重要的现实意义。

美丽乡村建设涵盖了村庄建设、生态环境治理、农村产业发展、公共服务等多方面内容，提升了广大乡村人民的生活品质。小型泵站作为重要的水利基础设施，担负着城乡排涝、农业灌溉以及水环境改善等诸多功能，农村小型泵站在除涝、灌溉、粮食安全以及改善水生态环境等方面发挥着重要作用，是农村基础设施的重要组成部分，对改善农业生产条件、增加农民收入、促进社会主义新农村建设以及构建和谐社会均起到重要的支撑和保障作用。我国农村人口占总人口的比例较大，随着农业产业和社会主义新农村建设的规模不断加大，环境问题日益严峻，农村生活污水的治理成为当前农村环境治理的重要内容。随着水环境治理工作要求的日益提高，人们不断加大水环境治理的力度，小型泵站的建设成为当前摆在农村环境治理、改善水环境质量工作面前的重要课题，它汇集了对污水进行处理的提升和传输等技术，在生活污水治理的过程中发挥了传送带和枢纽的作用。农村小型泵站的农业灌排功能对国家粮食安全所起到的作用不容小觑，农村耕地作为粮食的主要产出地，其小型泵站灌排能力直接影响着粮食综合生产能力，从而影响着国家粮食安全。

由此可见，小型泵站工程积极响应了国家乡村振兴战略需求，促进了新时代美丽乡村建设与和谐社会构建，保障了区域经济社会高质量发展，具有显著的经济与社会价值。

1.2.2　小型泵站景观价值

小型泵站是农村生产、生活的重要物质基础，对于注重粮食综合生产能力的我国来说，建设小型泵站是不可或缺的，但现有的许多泵站与周边环境不相适应。近年来，随着农村经济社会的快速发展和社会主义新农村建设的不断深入，农村地区的农民居住条件、公共生活设施以及生态环境卫生等状况发生了很大变化，然而很多农村小型泵站由于兴建的年代久远，其简陋陈旧的样式和老化破损的外观与周边越来越现代化的新农村风貌形成鲜明反差。除此以外，小型泵站在各大流域中也发挥着防洪截流、改善水质的作用，但也不可避免地出现了不注重景观建设以致对周遭环境造成影响的问题。工程设施的老化、陈旧与现代生态环境理念格格不入，主要是可能会造成泵站附近水生态环境失衡、与周遭名胜古迹产生冲突或威胁到自然界动物栖息地等问题。

这些问题更加突出了小型泵站景观功能的重要性。泵站的地理环境决定了其与水的亲密关系，根据人的亲水心理，在考虑安全的前提下应尽可能地开辟亲水区域满足人们的亲水要求。不仅要考虑环境的美化，更要注重“以人为本”，泵站的绿化应当要能够满足当地居民生活休闲的需要。2011年，水利部颁布《水文化建设规划纲要(2011—2020年)》，强调水利发展过程中应加强水文化、水景观等精神文化层面的建设。各地也相继提出水文化、水景观发展规划，例如湖南省水利厅与湖南省文化和旅游厅联合下发《湖南省水文化建设规划(2021—2035年)》，山东省水利厅印发《山东省水文化建设规划纲要(2023—2025)》等。人民群众对水利工程的观赏要求及品味也越来越高，“人水和谐”的理念已经渗入人们生活的点点滴滴。

“景观”是一个具有多重含义的广义概念，既指具备审美特性的自然或人工地表景色或者景象，即从单一视点所见地域宽广的风景，包括天然和人工景色，又指一定区域内由地形、水体、动物和植物等客观存在构成的生态综合体，即地球上客观存在的两种景观类型。景观可以分为天然景观和人文景观。天然景观是在地质、水文、气候、植物生长和动物活动等自然因素影响下天然形成的自然综合体，其典型特征是各种自然要素相互联系、相互影响，这种景观包括山脉、峡谷、河流、湖泊、沼泽、森林、草原、戈壁、荒漠、冰原等。人文景观是指人类为了生产、生活、精神、宗教、审美等需要而不断改造自然，建造各种设施和构筑物后形成的景观，是一种人工与自然相互依托、相互影响、彼此叠加形成的景观，这种景观是指在原有自然的基础上由人工梳理的且仍具有某些自然体现和特点的景观，例如农田、果园、牧场、水库、运河、园林、绿地等。

小型泵站通常位于农田、沟渠、河道周边，空间开阔且远离城市喧嚣，是欣赏田园、日出、晚霞、云雾等景观的绝佳地点，这些景观定时出现，围绕在泵站周边，构成了一幅绝美的水利工程景观画面。在泵站自身外立面上也可以绘制水利科普文化景观，具有历史性、地域性和适用性的特点，从而有助于水利工程景观形成丰富、多样的水利景观格局，融合文化元素，弘扬地方水利文化。

1.2.3 小型泵站文化价值

作为支撑经济社会发展的基础设施之一，水利工程不仅承担防洪、灌溉、排涝等功能，还承载着突出的历史和文化价值。水利工程的文化价值是在历史进程中逐渐形成和不断发展的，体现在其对历史文化信息的承载和反映中。

中国独特的自然气候条件，使治水成为中华文明发展的必要基础支撑，水利工程建设则是治水的主要手段之一。一部中华民族文明史就是一部治水史，在我国五千年文明的历史进程中，先民们建设了不计其数、类型丰富、型式多样的水利工程，很多至今仍在发挥效益，还有很多的遗址遗迹仍供人们不断观摩学习，这些工程是中华民族宝贵的文化遗产，是水利工程文化价值的集中体现。第一，水利工程支撑人类文明发展。经考古发现的良渚文化遗址表明，早在约五千年前，人们就已经开始兴建水利工程设施进行稻作农业生产，后来的钱塘江海塘工程奠定了两浙平原经济发展的基础；浙江诸暨赵家镇的桔槔井灌这种简易且有效的小型水利工程（如图 1.2-1 所示），为当地乡民的落户生存、经济发展提供了基本保障。第二，水利工程见证国家历史发展进程。很多水利工程在国家历史发展进程中具有重要地位，对国家的政治、军事、经济发展产生深远影响。芍陂的建设促进了春秋时期楚国的经济发展以及推动后来迁都寿春；都江堰、郑国渠、灵渠的修建从经济层面助力了大秦帝国的统一；它山堰、木兰陂、桑园围等水利工程则是国家经济重心逐渐南移的证明。第三，水利工程承载民族和区域的文化记忆。大禹治水是中华民族百折不挠、战胜自然灾害的文化象征和历史符号，推动了中华民族的社会演进和融合发展。中国第一个世袭制王朝夏朝因此而确立，对中华民族的政治经济发展以及自然地理科学认知都产生了跨时代的影响，大禹治水也因此成为中华民族共同的文化记忆。

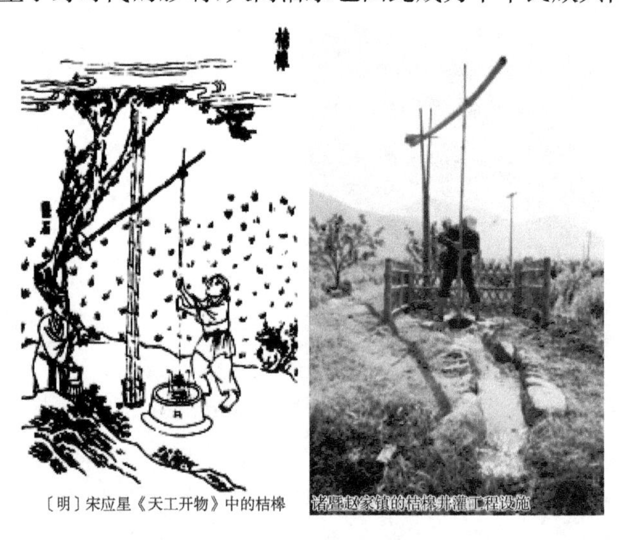

图 1.2-1 桔槔井灌

小型泵站工程虽然很难达到历史上这些著名水利工程所发挥的作用，但在小型泵站规划与建筑风格设计中，要有这种思路，遵循“建一项工程、成一处风景、留一段历史、传一地文化”理念。通过调查分析、收集整理当地与水利工程有关的历史文化，明确水利历史文化种类和分布特征，充分挖掘区域水利历史演变、人文特色与文化元素，以丰富文化内涵、继承民族智慧为重点，以水利工程、生态景观等为依托，结合当代创新精神，把水利历史、人文风情、传统文化等元素融合到小型泵站规划与建筑风格设计中，突出居民的归属感和认同度，赋予现代水利工程更多的文化内涵和人文色彩，实现水利与生态、工程与景观、安全与文化的有机结合，由单纯灌排功能提升为水利、生态、景观和文化的综合推进，达到既保障水利安全，又展现文化底蕴和文化特色，进一步提升水利工程的文化内涵与品味，将一座座小型泵站打造成区域文化保护与历史传承的示范基地，成为当地人们陶冶情操、娱乐休闲的好场所，充分彰显新时代水利工程建设的文化价值。

第二章　小型泵站规划设计概要

2.1　泵站的分类和特点

1. 泵站定义

泵站是以抽水为目的，由一整套机电设备和与其配套的土建工程设施所组成的水工建筑物。机电设备是由作为核心设备的水泵及其配套的动力机、传动装置、管道系统、电气控制设备和相关的辅助设备所构成。配套土建工程包括泵房及上部结构，进、出水建筑物及其配套的控制涵、闸等。从广义上说，泵站及其相连的引水灌排系统和附属的管理设施则一起构成泵站系统。

2. 泵站分类

在我国的农业生产中，排灌泵站（习惯上把这一技术措施称为机电排灌）已成为农业稳产高产、旱涝保收的重要保证。同时，随着国民经济的迅速发展，泵站已从单一的农用排灌发展到工业、交通、电力、船舶、城市供排水及防洪等国民经济的许多重要部门。

根据泵站的用途、规模、泵型或动力类型的不同，泵站有其不同的分类。基层水利工作者习惯上会根据水泵叶轮直径大小，将泵站划分为大、中、小型泵站，见表 2.1-1；《防洪标准》（GB 50201—2014）从装机流量和功率对泵站的规模及等别作出了规定，分为 5 个等别、5 种规模，见表 2.1-2；按其用途可分为灌溉泵站、排涝泵站、排灌结合泵站等 3 种；按泵站的提水高度可分为高扬程泵站、中等扬程泵站及低（超低）扬程泵站；按水泵的配套动力类型可分为电力泵站、风力泵站、太阳能泵站等。

本书所涉及的泵站均为流量小于 10 m^3/s、总装机功率不超过 1 000 kW 的小型泵站工程。

表 2.1-1　机组规模划分指标

机组规模		大型	中型	小型
轴流泵或导叶式混流泵机组	水泵口径(mm)	≥1 600	<1 600 且≥900	<900
离心泵或蜗壳式混流泵机组	水泵进口直径(mm)	≥800	<800 且≥500	<500
潜水电泵	叶轮直径(mm)	≥1 200	<1 200 且≥500	<500

注：当机组按分等指标分属两个不同等别时，应以其中的高等别为准。

表 2.1-2　灌溉、排水泵站分等指标

泵站等别	泵站规模	分等指标	
		装机流量(m^3/s)	装机功率(10^4 kW)
Ⅰ	大(1)型	≥200	≥3
Ⅱ	大(2)型	200～50	3～1

续表

泵站等别	泵站规模	分等指标	
		装机流量(m^3/s)	装机功率(10^4 kW)
Ⅲ	中型	50～10	1～0.1
Ⅳ	小(1)型	10～2	0.1～0.01
Ⅴ	小(2)型	<2	<0.01

注:①装机流量、装机功率指单站指标,且包括备用机组在内;②由多级或多座泵站联合组成的泵站工程,可按其整个系统的分等指标确定。

3. 不同类型地区泵站的特点

为满足不同使用目的,适应不同地形和水系特点,无论是泵站泵型还是整体布置型式都体现出不同的特点。

(1) 低洼圩区:主要分布于江苏省里下河、南方沿海、沿江、沿湖圩区等地区。这些地区地势平坦而低洼。当暴雨时,内涝普积,外水压境,外水位常接近或高出地面,无法自排。在天旱时,外水位往往低于地面,不能引灌。因此,在低洼圩区必须积极发展机电排灌。在这类地区,机电排灌的特点是排涝模数大于灌溉模数。建站中,多以低扬程排涝站为主,排、灌、降结合,有的也建有单灌站。泵型一般采用低扬程轴流泵,净扬程平均在 3 m 以下。在泵站的布局上,采取统一规划、分散布点,即按排涝标准统一配备装机容量,按排灌的要求分散设点建站,做到大联圩分级排涝,小灌区(100 亩左右)分散灌溉。

(2) 平原地区:主要集中于南方长江中下游平原、珠江三角洲平原及沿海垦区。地势平坦,微缓倾斜,一般自流灌溉条件差,泵站提水扬程多在 5～7 m。泵站的型式一般有两种,一种为补水站,起调节水量、补充水源的作用;另一种是灌溉站,提取内部沟河蓄水,进行抗旱灌溉。

在江苏、湖北、湖南等省建有大中型水利枢纽工程的地区,除建有大型泵站在流域间进行调水外,在这些地区还建有以灌溉或灌排结合为主的小型泵站,灌溉扬程多在 5～7 m,排涝扬程多在 3～6 m。在沿江沿海平原,由于受潮汐影响,水位时涨时落,易涝易旱。旱时需提水以补水源,涝时则需提水外排。因此,在建站时,往往引、蓄、排、降多功能相结合。这类泵站由于年工作时间较长,因此在设计时应充分考虑,使泵的工作性能在高效区内工作,以节约能耗,降低成本。

(3) 山丘地区:我国大部分地区,特别是内地省区,山丘绵延起伏。山丘岗地,由于库塘少,植被覆盖差,大雨蓄不住,水土流失严重,灌溉水源普遍不足,这些地区多通过建设泵站一级或多级提水灌溉。在一些拦蓄条件较好的山丘区,库塘较多,机电排灌主要任务在于提水以补充地面径流蓄水的不足,提高灌溉保证率。这类泵站一般多是忙时灌田,闲时灌塘。在丰水年多用塘水,缺水年则开机补塘,平衡高峰用水量。由于山丘区的耕地多集中于岗坡,提水扬程多在 10 m 以上,一般通过建二级或二级以上站多级提水上山,泵型多为离心泵,单级扬程在 10～30 m。少数高扬程泵站使用双吸式或双级离心泵,扬程至少 50 m 以上。

(4) 城镇地区:随着我国各地城市和中小城镇建设的迅速发展,城市防洪除涝已显得日渐重要和迫切。建设泵站是城镇防洪、除涝、保安的重要措施。泵站担负着抽排内水的重要任务。由于城市防洪扬程较低,且所需流量大,要求能在短时间内及时排除积水,降低内水位。另外,这类泵站功能较为单一,且年工作时间短。因此这类泵站应选用工作可靠、结构简单的中型轴流泵。考虑到城市用地紧张,低扬程潜水泵也是一种可供选择的泵型。在设计选型中,这类泵站应主要考虑工作的可靠性,确保机组能安全运行。为充分发挥这类泵站的效益，应尽量在规划中与城市排污泵站相合。

4. 泵站的布置型式

泵站布置型式因泵站的用途、水泵的类型、安装的方式等因素不同而不同，具体分类见表2.1-3。

表2.1-3　泵站布置型式

序号	分类依据	类型
1	泵站基础	分基型、共基型、块基型
2	泵室是否有水分	干室型、湿室型
3	进水方式	开敞式、封闭式、流道式、涵洞式进水等
4	出水方式	开敞式出水、压力水箱出水等
5	泵轴的安装方向	立式、卧式、斜式
6	机组布置方式	单列、双列、交叉布置等
7	机房的形状	矩形、圆形、外弧形、内弧形、六角形、折线形等
8	土建结构型式	框架式、墩墙式、拱墙式、桩基式等
9	机组安装位置	落井、半落井、潜没式、移动式
10	泵站枢纽布置	单排，单灌，排灌结合，排、灌、自排、自引多功能结合，以及闸站结合等多种型式

另外，按照泵站的布置型式，有堤后式和堤身式两种。

采用堤后式布置时，站身不直接挡水，出水池离站身有一段距离。这种型式出水管道较长，但机房和出水池之间可作为交通道路之用。

采用堤身式布置时，利用站身直接挡水，机房后墙即为出水池墙，这种型式由于出水管道短，在小型混流泵站和轴流泵站中采用较多。这种布置型式由于出水池与机房联为一体，因此在出水池位置较高时，出水池通常建于回填土上。为了不致因沉陷不均而影响工程安全，在施工中要注意回填土的夯实，同时应设置必要的沉陷止水缝。堤身式泵站布置在设计中必须进行防渗验算，以确保站身稳定和安全。

2.2　小型泵站工程规划设计

2.2.1　设计原则

一般小型泵站的设计应遵循下列原则：

(1) 总体布置应合理，特别是排灌结合或自排、自引与提水相结合的泵站以及闸站结合的泵站，在布置上应力求紧凑，充分利用建筑物进行调节。

(2) 在泵型的选择上应力求使泵站设计扬程与水泵额定扬程相一致，且满足灌溉与排水流量的要求。并尽量选用技术上先进的泵型，以保证泵站装置效率高，运行费用省。同时，所选用的泵型应是比较成熟的泵型，有一定的运行实践，应尽量避免选用试验泵型。

(3) 泵型的选择要充分考虑泵站的用途和工作性质。对灌溉和补水泵站应选择高效区范围宽，且效率高、汽蚀性能好的泵型；对以排涝为主的泵站则应选择工作性能可靠、结构简单的泵型。

(4) 工程布置应尽量采用正向进水，确保每台机组的进水条件良好，流态均匀。在工程布置上不得不采用侧向进水时，在设计中应尽量延长侧向进水口与水泵的距离，并采取一定的导流措施。

(5) 出水池的设计应尽量避免急弯而引起水流撞击、壅高。压力水箱的设计应避免各出水管道水流的相互冲击而增加能量损耗。

(6) 应尽量采用当地可利用的建筑材料。设计应保证施工简单、方便，且工程投资较少。

2.2.2 设计主要步骤

1. 资料搜集

包括兴建缘由、设计流量、水位组合、地质资料、地形状况、水文资料、气象资料、交通状况、电源情况以及对设计的一些特殊要求等。

2. 机泵选型

包括泵型及泵的规格的确定，调节方式，泵的台数的确定；电动机功率及型号(含极数)的确定；传动方式的确定。

3. 枢纽布置

包括站址的确定、取水口的布置、引水路线的确定、输水渠或容泄区的布置，以及站身的基本型式(堤身式或堤后式)和进水方向(正向进水或侧向进水)、出水方向(正向出水或侧向出水)等。对担负多种功能的泵站，还应确定实现各种功能的方案和方法。

4. 辅助设备的布置方案

包括真空泵的布置；起重设备的布置；拦污方式；传动计算；进出水管道直径和管道材料、管道附件(闸阀、逆止阀等)的确定等。

5. 站身布置

(1) 泵房结构型式选择：根据泵型、地形、水源、水位变幅等情况确定采用泵房的结构型式。

(2) 断流方式选择：根据泵房结构型式及布置要求，确定采用拍门、虹吸真空破坏阀、快速闸门等断流方式。在小型泵站中，一般以拍门断流方式为好。

(3) 机房布置：包括机组布置、管路布置、检修间及主要配电设备和辅助设备的布置。

(4) 机房平面尺寸的确定：根据以上布置的要求确定机房的宽度、长度。

(5) 机房高度的确定：根据泵型及起重要求和起重设备的型式确定机房高度。

(6) 机房各部分高程的确定：包括水泵、电机安装高程；机房底板、水泵梁、电机梁、地面、屋面大梁、进出水池等各部分高程。

6. 进水建筑物设计

(1) 引河设计：包括引河底宽、边坡、底坡、水深等参数的确定。

(2) 前池的设计：主要确定前池的宽度、扩散角、长度、底坡、翼墙型式，以及前池冒水孔、反滤层的尺寸和型式等。

(3) 进水池的设计：主要确定进水池的型式、宽度、长度、进水管喇叭口悬空高、淹没深度、进水池后壁型式和形状、管口至后壁的距离以及拦污设施等。

7. 出水建筑物设计

(1) 出水型式的确定：根据泵房结构型式和布置要求，确定采用开敞式出水池或压力水箱。

(2) 出水池的设计:确定出水池宽度、深度、长度与衔接段尺寸等。

(3) 压力水箱设计:包括压力水箱的结构型式、平面尺寸、高度等。

(4) 泄水建筑物设计:对排涝或排灌泵站,还需考虑泄水建筑物部分的布置和尺寸及结构设计。

8. 绘制机房平面和剖面草图

根据以上的布置和尺寸,在方格纸上绘制出机房的平面图和站身剖面图,并进行合理的调整。

9. 机房整体稳定及地基应力校核

根据水力计算和设备布置,初步拟定机房平面和剖面尺寸之后,对湿室型机房需进行抗渗、抗滑和地基应力校核;对干室型机房还需进行抗浮稳定校核。在不能满足稳定要求时,必须对机房内设备布置进行调整或对机房尺寸进行修改。在地基应力不能满足要求时,应对地基处理方法进行设计。

10. 结构设计

结构设计主要包括机房结构计算、进出水池设计、挡土墙设计和基础设计等,部分泵站还包括压力水管、压力水箱和压力涵洞设计。

11. 辅助设备的设计和选型配套

包括管道及其配件,传动、起重、通风、排水、抽真空、量测仪表和设备等的设计、选型、配套。

12. 电气设计

包括一次主接线和二次接线以及电气设备和高、低压开关屏的选型,室外变电设计、防雷设计、接地设计和室内配电设计。

以上所给出的步骤,根据所设计的泵站的规模和泵型不同而不尽相同。有些小型泵站凭经验确定结构尺寸,但往往由于泵型选择不当及对泵站进出水缺乏合理的设计,使泵站装置效率偏低或造成工程投资的浪费。有些则由于缺乏设计而引起工程质量事故,造成不必要的损失。因此,对小型泵站进行必要的规划设计和计算是非常重要的。

2.2.3 水泵及水泵选型

2.2.3.1 水泵

水泵按工作原理,分为叶片泵、容积泵和其他类型泵,叶片泵在水利工程中比较常用。叶片泵通过叶轮高速旋转将机械能转化液体压能。由于叶轮弯曲且扭曲,故称叶片泵,一般分为轴流泵、混流泵和离心泵。

轴流泵按泵轴安装方式,分为立式、卧式、斜式,其中立式轴流泵主轴垂直于水平面放置,卧式轴流泵主轴水平放置,斜式轴流泵主轴与水平面呈定角度放置;按叶轮轮毂固定方式分为固定式叶片轴流泵、半调式叶片轴流泵、全调式轴流泵,其中固定式叶片轴流泵叶片角度固定,半调式叶片轴流泵通过停机拆叶轮调节叶片角度,全调式轴流泵通过泵调节机构自行调节叶片角度。

混流泵有蜗壳式混流泵、导叶式混流泵两种。

离心泵有立式、卧式、单级、多级、单吸、双吸、自吸式等多种形式。

近些年,由于某些场合使用需求增多及相关技术进步、管理要求提高等因素,厂家相继研发了多种泵型,如一体化水泵、贯流泵、S形轴伸泵、井筒式水泵等。

各种类型水泵均有不同的规格,表示规格的参数有口径、转速、流量、扬程、功率、效率及汽蚀余量(或允许吸上真空高度)等,水泵选型的内容主要是确定水泵类型、规格和台数。因此,在水泵选型之前，应对常用水泵的类型和规格有所了解。

2.2.3.2　水泵选型

水泵选型，主要是确定水泵的类型、型号和台数等。因为动力机、传动及辅助设备等配套，以及泵站工程建筑物设计及其经济运行，都是以水泵选型为依据的，水泵选型不合理不仅会增加工程投资，而且会降低水泵的运行效率，增加泵站能耗和运行费用等。因此，必须高度重视水泵选型。

1. 水泵选型原则

(1) 必须根据生产的需要满足流量和扬程(或压力)的要求。

(2) 水泵应在高效范围内运行，水泵在长期运行中，泵站效率较高，能量消耗少，运行费用较低。

(3) 按所选的水泵型号和台数建站，工程投资较少。

(4) 在设计标准的各种工况下，水泵机组能正常安全运行，即不允许发生汽蚀、振动和超载等现象。

(5) 便于安装、维修和运行管理。

2. 水泵选型

(1) 泵型比较

通常根据地区特点和泵站的性质来选择水泵类型，各种泵型比较见表 2.2-1。由表可知，灌溉或给水泵站，扬程较高，宜选用离心泵和混流泵；对于扬程较低的排水泵站，常选用混流泵或轴流泵。在一般的情况下，扬程小于 10 m 时，宜选用轴流泵；5～30 m 时，宜选用混流泵；10～100 m 时，宜选用单级离心泵；大于 100 m 时，可选用多级离心泵或其他类型泵。

表 2.2-1　常用泵型比较

泵型	离心泵	混流泵	轴流泵
比转速(r/min)	40～300	300～500	500 以上
扬程范围	10 m 以上	5～30 m	0～10 m
口径	40～2 000 mm	100～6 000 mm	300～4 500 mm
流量范围	流域小，但从零流量到大流量均能运转	流量较大，从零流量到大流量均能运转	流量最大，不能在小流量范围内运转
轴功率变化	具有上升型功率曲线，零流量时功率最小	具有平坦的功率曲线，电动机始终能满载运行	具有陡降型功率曲线，零流量时功率最大
效率变化	高效率范围宽，能适应扬程变化	高效率范围宽，能适应扬程变化	高效率范围窄，扬程变化后，效率很快降低
汽蚀性能	好	好	较差
结构与重量	同口径时结构复杂，重最最大	同口径时结构较简单，重量较大	同口径时结构简单，重量较轻。全调节泵结构复杂
辅助设备	较少	中小型泵辅助设备少，大型泵辅助设备多	中小型泵辅助设备少，大型泵站辅助设备多
维护保养	较易	较易	较麻烦
耐用年限	较长	较长	较短

应该指出，轴流泵和混流泵的流量及扬程在很大范围内是重叠的，但因混流泵的高效范围宽，轴功率变化平坦，工况变化时，动力机接近额定工况下工作，运行效率较高。加之有些混流泵的尺寸较小，土建投资省，所以在这两种泵型都可选用的情况下，应优先选用混流泵。

(2) 结构型式比较

在选择水泵的结构型式时，应综合考虑泵站的任务和性质、水源水位变幅、地基条件、开挖深度等方面的条件来确定，以达到工程投资和运行费较少的目的。水泵结构型式比较见表 2.2-2。

表 2.2-2　水泵结构型式比较

卧式泵	立式泵
叶轮如不淹没，启动时需抽真空	叶轮淹没，无须抽真空，启动简单
主要部件在水面以上，不易被腐蚀，保养、维护容易	主要部件在水面以下，易被腐蚀，保养、维护麻烦
叶轮垂直旋转，工作合理性差	叶轮水平旋转，工作合理
对于叶轮安装在水面以上的卧式泵，吸水高度大，易引起汽蚀	对于叶轮安装在水面以下的立式泵，吸水高度低，不易引起汽蚀
中小型泵吸水管路长，水力损失大	管路短，损失小
泵房开挖深度小，造价较低	泵房开挖深度大，造价较高
泵房占地面积大，厂房高度小	泵房占地面积小，厂房高度大
对于进水池水位变幅较大的泵站，卧式机组防洪要求较高	立式电动机有条件置于洪水位以上，防洪要求较低
主轴挠度大，轴承磨损不均匀	主轴挠度小，轴承磨损较均匀

(3) 水泵台数

确定水泵台数时，应考虑以下几个问题：

从工程投资看，在泵站流量相同的情况下，台数少、机电设备少、泵房面积小，因而泵站土建投资和机电投资都会减少。但需要注意的是，在单泵容量增大到一定程度后，水泵的汽蚀性能将会降低，这就有可能增加泵站的开挖深度，以致加大工程投资和施工难度。

从运行管理费用看，水泵机组台数少，单机容量大，机电设备的效率较高，维修管理较方便，所需的运行管理人员较少，费用较低。

从泵站工作任务的保证性和适应性看，水泵机组台数越多，对运行期间需求流量的适应性则越大，一旦水泵机组出现故障，对生产的影响较少，故具有较高的保证性。

从泵站性质看，一般排水泵站的设计流量及其排水过程中的流量变化均大于灌溉或给水泵站。所以，排水泵站的水泵台数一般较多。在一般情况下，当排水流量小于 4 m^3/s 时，可选用 2 台，大于 4 m^3/s 时，可选 3 台以上；对灌溉或给水泵站，当流量小于 1 m^3/s 时，可选 2 台，大于 1 m^3/s 时，可选 3 台以上；对梯级泵站，还应根据需要选配 1～3 台小型调节机组，以适应流量变化的需要。

从备用容量看，在需要备用机组的情况下，当机组台数较少时，备用机组容量较大，备用容量的增加又会加大工程投资。一般控制备用容量不超过总容量的 15%，据此可以推求出备用机组的台数，水泵台数不宜少于 6 台。

由此可见，水泵台数与很多因素有关，应按照投资省、运行费用低、供水或排水可靠性高的原则，针对不同情况加以确定。

3. 水泵选型方法和步骤

常规的水泵选型方法，是根据泵站的流量、扬程和结构等要求，从国内市场已有的产品中选取。具体步骤如下：

(1) 根据泵站的多年平均净扬程 H(可取运行期间 50%频率的扬程)，估算管路阻力损失 h，一般可取 $h=(0.05\sim0.3)H$，其中离心泵取小值，轴流泵取大值，由此可以估算水泵的总扬程 $H_{总}=(1.05\sim1.3)H$。

(2) 根据初估的水泵总扬程，结合泵站的性质初选水泵类型，即在水泵综合型谱图(或水泵性能表)上，选择几种扬程符合要求而流量不同的泵型 A、B、C 等，其流量分别为 Q_1、Q_2、Q_3 等，以此作为不同的选型方案。

(3) 根据灌排水等生产所需的泵站设计流量 Q_z 及各选型方案的水泵流量 Q_1、Q_2、Q_3 等，分别求出各方案的水泵台数 Z_1、Z_2、Z_3 等，计算公式为：$Z_i=Q_z/Q_i(i=1,2,3,\cdots)$。

(4) 按选定的水泵型号和台数，并在流量过程线上拟合，检查各选型方案是否满足生产要求的流量变化过程。

(5) 按初选的水泵型号、台数，拟定泵房型式和布置尺寸，确定管路直径和布置方案。计算管路损失并确定水泵安装高程，确定水泵在设计扬程和多年平均扬程下的工作点参数、流量、功率和效率等。校核其在设计扬程下是否能满足设计流量要求，在平均扬程下的水泵效率是否在高效范围内。

4. 动力机

泵站最常见的动力机有电动机和柴油机。在电源方便的地方，应优先考虑选用电动机，因为电力排灌的成本较低，操作方便，故障较少，便于自动化控制；但在缺电地区，柴油机仍是泵站的重要动力机。

此外，还应根据当地的自然条件和经济条件，尽可能利用当地其他能源(如水能、风能、热能和太阳能等)及其相应的动力机。如水力资源丰富的地区，可直接用水力带动水泵，即选用水轮泵；风力资源丰富的地方，则可用风力机(即风车)带动水泵，这样就可达到因地制宜、成本低廉的目的。

另外，在选择动力机型式时还应考虑泵站的可靠性问题。如在沿海台风暴雨频繁发生的地区，一旦台风将电网线路损坏后，将会造成大面积停电，泵站无法正常工作，给当地居民人身安全和国家财产带来很大威胁，在这种情况下应该考虑选择柴油机作为动力机，或以柴油机作为备用动力机。

2.2.4　泵站工程规划布置

灌排泵站工程规划属于地区水利规划的一部分，是在分析地形地质、水文气象、水资源、交通及行政区划等资料的基础上确定的。包括灌溉区(或排水区)划分；确定泵站的规模、设计标准、设计参数(如设计流量和特征扬程，是水泵选型和泵站建筑物设计的依据，影响到泵站规模、投资和效益)；泵站工程的组成(如泵站站址、枢纽布置、协调运行方案等)。

2.2.4.1　灌溉泵站

灌溉泵站规划主要包括以下内容：查勘灌区的地形、地质和水源条件及其他自然、社会经济条件，调查已有水利工程设施及其效益，了解能源、交通等情况。在此基础上，根据自然区划特点并考虑行政区划进行灌区的片区划分、水泵选型、选定站址、确定泵站建筑物和渠系的布置等。

1. 灌溉片区的划分

根据灌区的地形、水源及能源等情况，进行分流、分级控制各灌溉片区，从而达到投资省、效益大的目的。灌溉片区的划分一般有以下几种方案：

(1) 一站一级提水、一区灌溉：适用于地形高差不大、地形等高线基本平行于水源的小型灌区，如图 2.2-1(a)所示。

(2) 多站一级提水、分区灌溉：当灌水区面积较大或属于平原圩区时，采用一站提水、一区灌溉的方式可能导致输水距离较长，沿程阻力损失及水量损失加大，交叉建筑物过多引起工程量增加，此时往往采用多站提水、分区灌溉的方式，如图 2.2-1(b)所示。多站提水、分区灌溉中每个灌溉片区由单独的泵站和灌溉干渠供水。

(3) 多站分级提水、分区灌溉：根据水源和地形条件，有时了为避免出现提升到高处的水再回流灌溉低田，造成能量浪费，也可以把已经提升到一定高程的水作为另一泵站的水源，即后一级泵站以前一级出水池为水源，形成梯级泵站。根据地面高差，将灌区分成几个高低不同的灌水区，如图 2.2-1(c)所示。多站分级提水、分区灌溉适合于地面高差较大或地形上有明显台地的地区。

(4) 一站分级提水、分区灌溉：对于某些地面高差较大但是面积不大的灌区，也可在同一泵站安装几台不同扬程的水泵，分高、低几个出水池和相应的渠道供水，高地用高池灌溉，低地用低池灌溉，如图 2.2-1(d)所示。

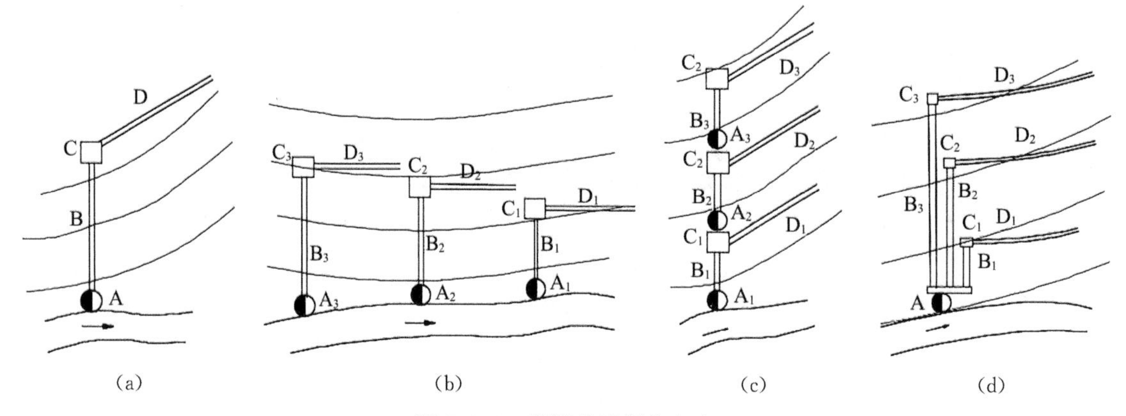

图 2.2-1　灌溉片区划分方案

2. 主要设计参数

(1) 设计流量

灌溉泵站设计流量是在灌溉水源满足一定灌溉设计保证率的情况下，供给灌区作物生长所必需的流量及输配水过程中渠系和田间所损失的流量之和。对于大中型灌区，通常是根据灌区内气象、土壤、作物种类和耕作技术等因素，参照有关的灌溉试验资料和灌水经验，制定灌区作物的灌溉制度，推求设计灌水率，确定轮灌工作制度，推算设计流量。

一般稻麦轮作区小型机电灌区的设计流量，要保证水稻亩均 80～120 m^3 泡田定额、泡田延续时间 3～5 d 的要求。

(2) 设计扬程

出水池水位：灌溉泵站的出水池水位就是灌溉干渠的渠首水位，一般是灌区内离站较远的田面高程加上适宜的灌水深度后的水面高程，再加上通过各级渠道及相应建筑物的水头损失，逐级推求而得。渠首水位与渠道过流大小有关，一般以通过设计流量时的水位为准。

进水池水位:进水池水位根据水源设计水位推求。为了确保灌溉和泵站的防洪要求,需分析确定农田高峰用水阶段可能出现的低水位和整个灌溉期间的最低水位以及全年最高洪水位。水源水位在扣除了进水池至水源间的水头损失后,即为进水池水位。

设计扬程:泵站进、出水池的设计水位差(即设计净扬程)加上管路水头损失,就是泵站的设计扬程,用公式 $H_{设}=H_{净}+H_{损}$ 表示,式中,$H_{设}$ 为泵站设计扬程;$H_{净}$ 为泵站设计净扬程;$H_{损}$ 为泵站管路水头损失,一般 $H_{损}$ 可按 $H_{净}$ 的 5%～25%进行估算。如净扬程低于 10 m 时,可取较高的百分数;净扬程高于 30 m 时,则用较低的百分数。

3. 站址选择

灌溉泵站的站址设在灌区地形较高的地段,既方便输水入田,又可扩大排灌面积;机房尽量设在较好的地基上,避免建在流沙或淤泥层上,以减少地基处理和加固的费用;站址应设在交通方便,靠近电源和居民点的地段,以便设备、器材的运输,节省输电工程和提高动力的综合利用。

4. 泵站总体布置

泵站主要由抽水设备、水工建筑物和辅助设备等组成,影响泵站总体布置的主要因素是建站目的、水源种类、水位变幅,以及建站地点的地形、地质和水文等条件。灌溉泵站主要包括水泵、引水渠道、进出水池、机房输水涵洞、输水渠道等;辅助设备包括功能设备、机房内供排水设备和起吊检修设备等。

灌溉泵站布置形式基本上分为两种:一种是有引渠的形式,如图 2.2-2(a)所示,适用于水源岸坡较缓、水源水位比较稳定的灌区,这种形式使泵站尽可能靠近出水渠,缩短出水管长度,降低造价,减少水力损失;另一种是无引渠的形式,如图 2.2-2(b)所示,适用于岸边地形较陡、水位变化不大的灌区,这种形式使泵房建在水源岸边,直接从水源取水。

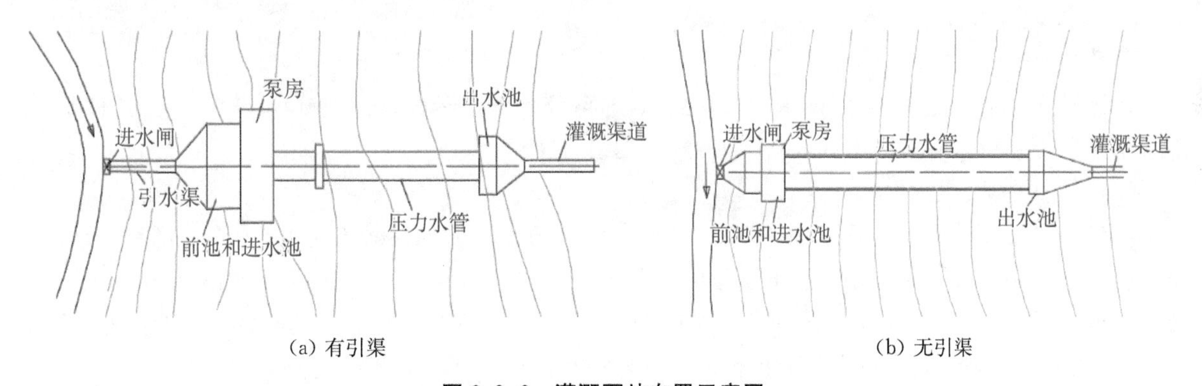

图 2.2-2　灌溉泵站布置示意图

2.2.4.2　排涝泵站

排涝泵站规划,主要是根据各地区的排水出路(承泄区)和地形条件,正确处理自排与抽排、内排与外排、排田(抢排)与排湖(内河)的关系,以尽量减少排涝泵站的装机容量,降低工程投资。同时应尽可能兼顾灌溉的要求,提高泵站设备的利用率。

在布局上要从整体出发,既有利于挡(挡洪)、灌(灌溉)、排(排涝)、降(降低地下水位)综合治理,也要有利于机耕、交通、绿化、生态和环境保护等。

1. 排水区的划分

根据排水区的地形地貌及水系特征,充分利用自流排水的条件,进行排水区的划分,达到高低水分开、内外水分开、控制地下水位的目的，可采用集中建站和分散建站两种方案。

(1) 高低水分开

通过等高截流、分水闸设置等措施，做到高水自排、低水抽排。

要求高水高排、低水低排，避免高水汇集到低地而加长排水时间，产生或加重涝害；同时，实现高水高排，也是避免高水汇集到低地增大排涝扬程，利于减少排涝站装机容量和运行费用。另外，由于高水一般有自排的可能，应充分利用地势与时机，及时自流排水。

对于沿江滨湖圩内排水区划分：根据自排条件，划分为高排区；其余为低排区，以提排为主；介于上述两者之间的地区，可采取自排与提排相结合的排水方式。

对于半山半圩地区排水区划分：山、圩分排，高低分排，减少泵站的装机容量。

对于滨海和感潮河道地区排水区划分：地面高于平均感潮潮位者为畅排区，低于平均低潮位者为非畅排区，介于上述两者之间的为半畅排区。畅排区可以自流排水，非畅排区依靠泵站提排，而半畅排区则应考虑增加排水出口，缩短排水路径，并于出口建挡潮闸，利用落潮间歇自流抢排。尽可能扩大畅排区和缩小非畅排区，减少排涝站的装机容量和提排费用。

(2) 内外水分开

主要通过修建圩堤与防洪闸或圩口闸等措施，将洪涝分开，避免外河洪水侵入圩内；此外，在排水区内部还要求内河(湖)和农田分开。即排涝时既要利用外河、内河、农田的滞蓄能力，又要建闸、筑堤、分级控制。

(3) 控制地下水位

主要通过各级排水沟排涝降渍、闸站联合调度控制内河水位，达到控制地下水位的目的。

2. 主要设计参数

(1) 设计流量

设计排涝模数确定后，乘以排水区域总面积，即得到区域排涝设计流量(Q)；在分区排水的圩区，排涝模数要分别乘以各片区的面积，作为各片区的设计排涝流量。

(2) 设计扬程

扬程指水泵能够提水的高度，通常用“H”来表示。扬程以水泵轴线为界，分为吸水扬程($H_{吸}$)和压水扬程($H_{压}$)或出水扬程。两部分加起来叫作水泵的实际扬程($H_{实}$)。排涝泵站的任务是将区域涝水按规定的时间排至外河，因此排涝泵站的上、下水位也称为内、外水位，进水池的水位是内河水位，出水池的水位是外河水位。实际扬程即设计外河水位与设计内河水位之差。

设计内河水位是根据预降，并结合控制地下水的要求确定，一般设计内河水位取最低田面高程以下 1.0～1.5 m。设计外河水位，一般采用汛期平均洪水位。

水量的吸进与压出，都要通过水管，水经过管路，受到摩擦阻力而减少水泵的提水高度，为损失扬程($H_{损}$)。损失扬程计算比较复杂，对于一般中小型圩区排水泵站，在初选水泵时，损失扬程可按相应实际扬程的15%～20%计。总扬程($H_{总}$)等于实际扬程与管路损失扬程之和。

3. 排涝泵站布置

排涝泵站布置，主要是根据排水出路和地形条件，正确处理自排与提排、内排与外排、排田与排湖的关系，在布局上要从整体出发，既要有利于挡洪、灌溉、排涝、降渍综合治理，也要有利于机耕、交通、绿化、生态和环境保护等。

(1) 站址的选择

站址要服从圩区治理的需要，根据圩区自然条件（地形、地质、河网水系等）和社会经济状况（行政区划、水利、输电、交通等）拟定各种方案，择优选定。

①集中建站与分散建站

一般而言，对于排水面积较大而地形起伏不大或地势单向倾斜的地区；蓄涝容积集中且较大的地区；排水面积不大，地势平坦，蓄涝容积较大，排水出口和行政区划单一的地区，宜集中建站。对于水网密集，排水出口分散，或地势高低不平的地区，宜分散建小站。

因此，圩内排涝泵站的布局有两种布置方式：一是排涝泵站集中布置，即排涝泵站布置在圩内一级河道两端，集中排除涝水，此种布置方式泵站座数少，单位装机容量造价低，输电线路短，便于集中管理，但要求有完善的圩内河网布局，要开挖大的骨干排水河道，土方量大，挖压耕地面积大，且排涝时间长；二是排涝泵站分散布置，即排涝泵站布置在圩内一级及部分二级河道上，相对分散地排除涝水，此种布置方式工期短，收效快，工程量小，挖压耕地面积少，有利于结合灌溉，排灌及时，但由于泵站座数多，管理相对较难。由于圩区的情况往往比较复杂，故应根据具体情况，因地制宜。

②一级排水和二级排水

排涝泵站无论集中建站或分散建站，都有两种排水方式，即一级排水与二级排水。

一级排水就是由排涝站直接将涝水排入承泄区，如图 2.2-3(a)所示；或由排涝站将涝水先排入蓄涝区，而蓄涝区的涝水则待外水位降低时再开闸自排，如图 2.2-3(b)所示。

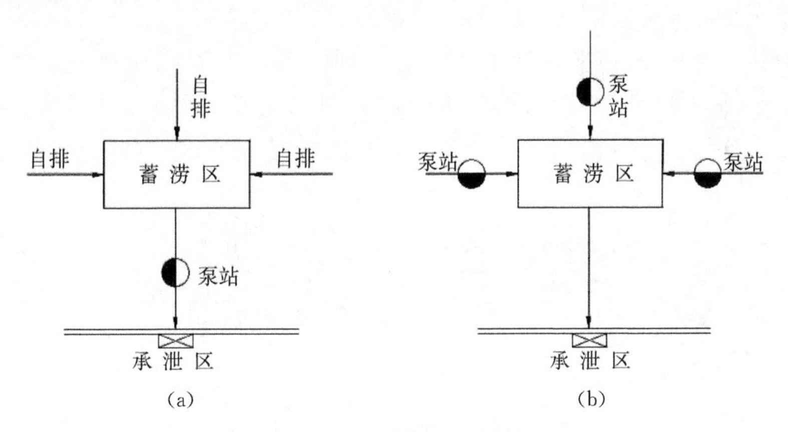

图 2.2-3　一级排水示意图

二级排水方式，即在低洼地区建小站，将涝水排入蓄涝区内，这种站称为二级站或内排站，一般排水扬程较低；而蓄涝区内的涝水则需要另外建站提排，这种站称为一级站或外排站，如图 2.2-4(a)所示。如蓄涝容积较大时，除利用泵站提排外，还可以利用蓄涝区滞蓄涝水，待外水位降低后再开闸排蓄涝区滞蓄的涝水，如图 2.2-4(b)所示，利用闸站配合排水，以减少外排站装机容量。

实际工程中，上述两种排水方式往往不是截然分开，有时外排站既可排蓄涝区的涝水，又可直接排出，在运用上采取先排田后排蓄涝区。当泵站排田时为一级排水，而排蓄涝区时则为二级排水。

对于面积较小的圩区，一般只设外排站；对于面积较大的圩区，则以采取内排站与外排站相结合布置的方式，即由外排站控制一定的内水位，使大面积较高农田的涝水，能自流排入内河（湖），少数低洼农田设内排站。

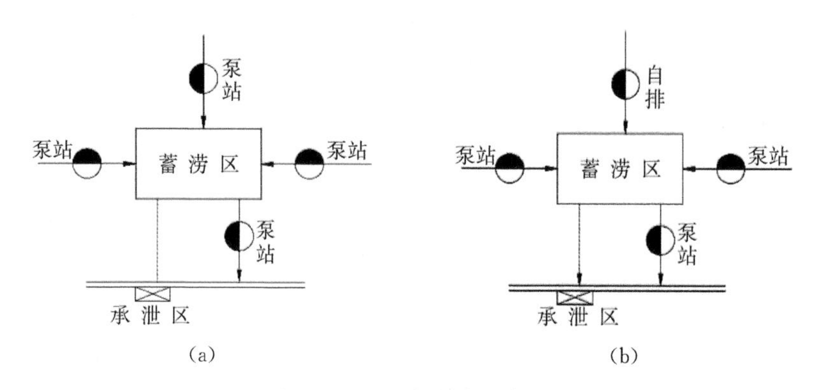

图 2.2-4 二级排水示意图

对于大面积圩区，如果只设外排站，不设内排站，这时圩区的内河(或内湖)涝水位必须控制在低田的田面以下，由此就导致大面积排水扬程增大，相对降低了内河(或内湖)调蓄水位，减少了调蓄容积，从而加大了抽排流量或增大了装机容量，对排水沟来说，也将增大底宽与工程量；内河经常处于较低的水位，缩短了自流抢排时间。相反，如果只有内排站而没有大中型集中的外排站，圩区内河、湖水位无法控制，达不到除涝目的。所以大面积圩区，应当采取内排站与外排站结合布置的方式。

(2) 泵站总体布置

当外河在枯水期或洪峰过后，水位较低，灌区的涝水、渍水可以自流排向外河；而当外河水位高于灌区地面高程或灌区遭遇设计暴雨无法自排时，开启排涝站提水排涝。因此，排水泵站常建成自流排水和泵站提排两套排水系统，总体平面布置如图 2.2-5 所示。

当站内水位高于外河水位时，关闭 2 号节制闸，打开 1 号节制闸和 3 号防洪闸，自流排出。

当站内水位低于外河水位时，关闭 1 号节制闸，打开 2 号节制闸和 3 号防洪闸，水泵抽排。

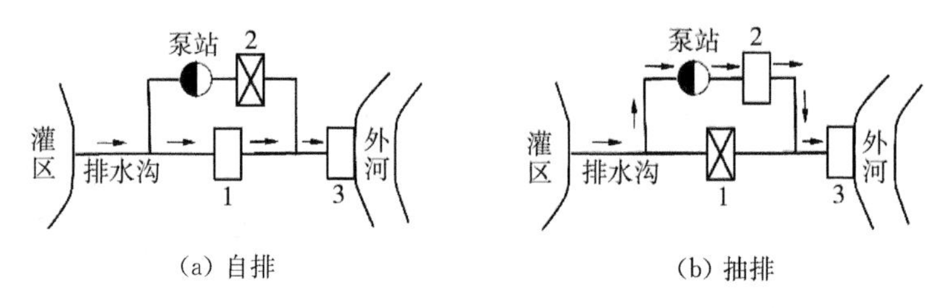

图 2.2-5 自流排水和泵站抽排相结合控制示意图

2.2.4.3 排灌结合泵站

在南方地区，过去常常为满足不同时期的排灌要求，不分别建灌溉站、排涝站，而是集中建站，通过闸门及泵站综合调度，实现能灌能排，提高设备利用率，达到灌溉、排水的目的。排灌结合泵站，除了要满足提水排、灌要求外，还考虑是否能自流排水、引灌等，以达到一站多用的目的。

图 2.2-6 为“一站四闸”灌排结合泵站枢纽平面布置图，由四座节制闸和一座泵站组成，这种布置能满足提灌、抽排、自引、自排需要。

(1) 自引灌溉：当外河(水源)水位高于灌区田面高程，关闭 1、2 号水闸，打开 3、4 号水闸。如图 2.2-6(a)所示。

(2) 抽水排涝：当排水沟水位低于外河水位，关闭 1、3 号水闸，打开 2、4 号水闸，运行泵站抽水排涝。如图 2.2-6(b)所示。

(3) 提水灌溉：当水源水位低于灌区田面高程，关闭 2、4 号水闸，打开 1、3 号水闸，运行泵站提水灌溉。如图 2.2-6(c)所示。

(4) 自流排水：当灌区排水沟水位高于外河水位，关闭 3、4 号水闸，打开 1、2 号水闸。如图 2.2-6(d)所示。

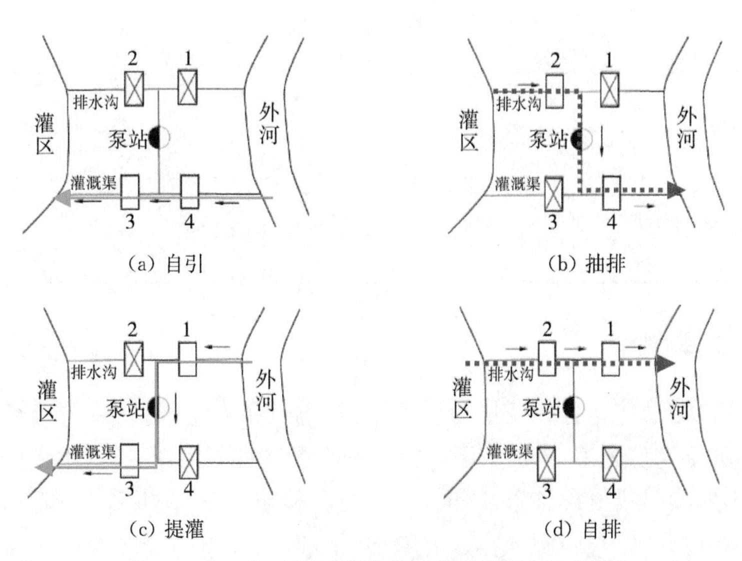

图 2.2-6 “一站四闸”灌排结合泵站控制示意图

排灌结合泵站需分别计算出灌、排流量，采用其中大者作为泵站设计流量。同时分别计算灌溉扬程和排涝扬程，并进行分析比较，取较大值作为排灌结合泵站的设计扬程。当排涝、灌溉两种设计扬程相差较大，选一种泵型不能满足要求时，应分别选泵。

2.3 泵房结构型式与布置

泵房是安装水泵、动力机及其辅助设备的建筑物，是泵站枢纽中的主体工程。其主要作用是为水泵机组的安装、运行、维修及运行人员提供良好的工作条件。泵站的泵房结构型式有很多种，按泵房位置变动与否可分为固定式和移动式两大类。本节主要介绍固定式泵房，用于水源水位变化幅度较大、取水口和供水范围不变的地区。

2.3.1 泵房结构型式

固定式泵房按泵室结构的特点分为干室型和湿室型，按基础的型式分为分基型和块基型。在中小型泵站中，常用的泵房型式有分基型、干室型和湿室型。采用何种结构型式主要取决于水泵的类型和水源水位的变化。

对于卧式泵，如果最高水位不超过泵房地面，且水源水位变幅不太大，这时泵房不需要水下结构部分，可以采用分基型泵房。随着水源水位变幅的加大，泵房就需要水下结构部分，从分基型向干室型变化。对于立式轴流泵，叶轮一般均淹没于水中，所以进水池就移到泵房下部，成为湿室型泵房。

常用的各种结构型式的泵房比较见表 2.3-1。

表 2.3-1　各种结构型式的泵房比较

类型	总流量(m^3/s)	水源水位变幅	最高水位	地质条件	进水条件	结构条件	检修条件	通风条件	泵型	适用场合
分基型	＜4	不大	低于地面	较好	一般	简单	容易	良好	离心泵 混流泵 轴流泵	临时泵站， 高、中扬程泵站
干室型	4～10	一般	可高于地面	一般	良好	较复杂	容易	不良	离心泵	落井、半落井站， 高扬程站
湿室型	4～10	较大	低于地面	一般	较好	较简单	不方便	良好	轴流泵	低扬程站， 口径＜1 000 mm

2.3.2　泵房布置基本规定

泵房布置应根据泵站总体布置和站址地质条件，机电设备布置，进出水流道或管道，电源进线方向，对外交通以及有利于泵房施工、机组安装与检修和工程管理等因素，经技术经济比较确定。

泵房布置总体上应满足机电设备布置、安装、运行和检修要求；满足结构布置、整体稳定要求；满足通风、采暖和采光要求，并符合防潮、防火、防噪声、节能、劳动安全与工业卫生等技术规定；满足内外交通运输要求；建筑造型应实用美观，且与周围环境相协调。具体规定如下：

(1) 泵房挡水部位顶部高程不应低于设计值、校核运用情况挡水位加波浪之和、壅浪计算高度与相应安全加高值之和的大值。

(2) 位于防洪、挡潮堤坝上的泵房，其挡水部位顶高程不应低于相应堤坝顶部高程，并考虑两侧堤坝加高的可能。

(3) 主泵房长度应根据机组台数、布置形式、机组间距、边机组段长度及安装间布置、机组吊运、泵房内部交通和消防要求确定。

(4) 主泵房宽度应根据机组及辅助设备、电气设备布置要求，进出水流道或管道尺寸，工作通道宽度，进出水侧设备吊运要求等因素，结合起吊设备标准跨度确定。立式机组泵房水泵层宽度的确定，还应考虑集水、排水廊道的布置要求等因素。

(5) 主泵房各层高度应根据机组及辅助设备、电气设备布置，机组安装、运行、检修，设备吊运以及通风、采暖和采光要求等因素确定。

(6) 主泵房水泵层底板高程应根据水泵安装高程和进水流道(含吸水室)布置或管道安装要求等因素确定。主泵房电动机层楼板高程应根据水泵安装高程和泵轴、电动机轴的长度等因素确定。

(7) 安装在机组周围的辅助设备、电气设备及管道、电缆道布置宜避免交叉干扰。

(8) 辅机房宜设置在紧靠主泵房的一端或出水侧，其尺寸应根据辅助设备布置、安装、运行和检修等要求确定，且应与泵房总体布置相协调。

(9) 安装间宜设置在主泵房内对外交通运输方便的一端或一侧，其尺寸应根据机组安装、检修要求确定。

(10) 主泵房对外应至少有 2 个出入口，其中 1 个应满足运输最大部件或设备的要求。

(11) 立式机组主泵房的地面层(电机层)、水泵层，以及卧式机组和斜轴式机组的地面层、水泵层(电机层)均应设置不少于 1 条主通道，并宜另设一般通道，主通道宽度不宜小于 1.5 m，一般通道宽度不宜小于 1.0 m，安全疏散通道宽度不应小于 1.2 m。主泵房内主要设备运行、维护区域宜设工作通道，工作通道宽度满足运行、维护要求。

(12) 主泵房排架的布置，应根据机组设备安装、检修要求，结合泵房结构布置确定。排架宜等跨布置，立柱宜布置在隔墙或墩墙上。当泵房设置顺水流向的永久变形缝时，缝的左右侧应设置排架柱。

(13) 主泵房电动机层地面宜做防尘、防渗处理。

(14) 泵房屋面、墙面、门窗可根据当地气候条件和泵房通风、采暖、采光要求布置，并符合现行国家标准《水利水电工程节能设计规范》(GB/T 50649—2011)的有关规定。

(15) 泵房内应设消防设施，泵站建(构)筑物生产场所的火灾危险性类别和耐火等级应符合现行国家标准《建筑设计防火规范》(GB 50016—2014)和《水利工程设计防火规范》(GB 50987—2014)的有关规定。

(16) 泵房地面层室内地坪应高于室外地坪 0.2 m，并有泵房防淹措施。主泵房内安装间地面层高程宜与主机间地面层室内地坪高程相同。

2.3.3　分基型泵房结构与布置

1. 分基型泵房的结构型式

分基型泵房是中、小型灌溉站中常采用的一种站房型式，因这种站房的基础与机组的基础(机墩)分开而得其名。这种站房无水下部分，和一般单层工业厂房类似，结构简单，施工容易。由于机组基础不与房屋基础相连，故机组运行时的振动不会影响到房屋。站房位于地面以上，通风、采光和防潮条件都比较好，机组运行、检修方便。

分基型泵房进水池岸坡分为直立式(图 2.3-1)和斜坡式(图 2.3-2)两种挡土墙。

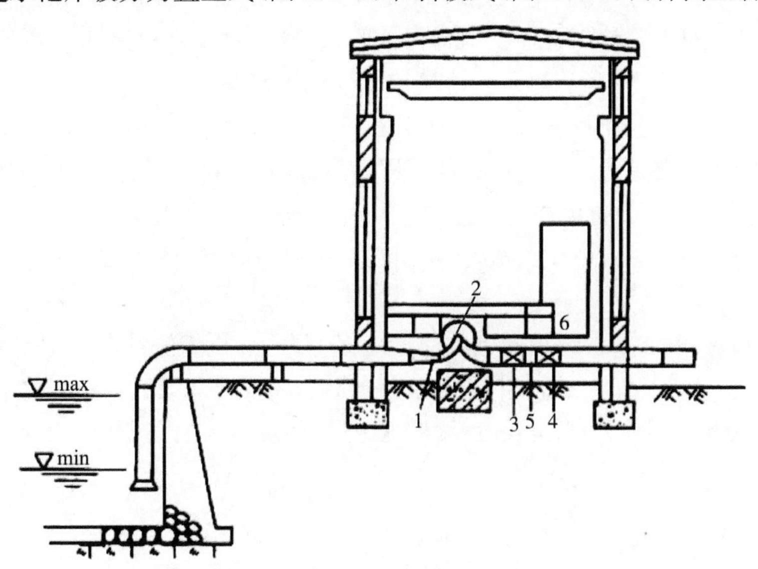

图 2.3-1　直立式泵房

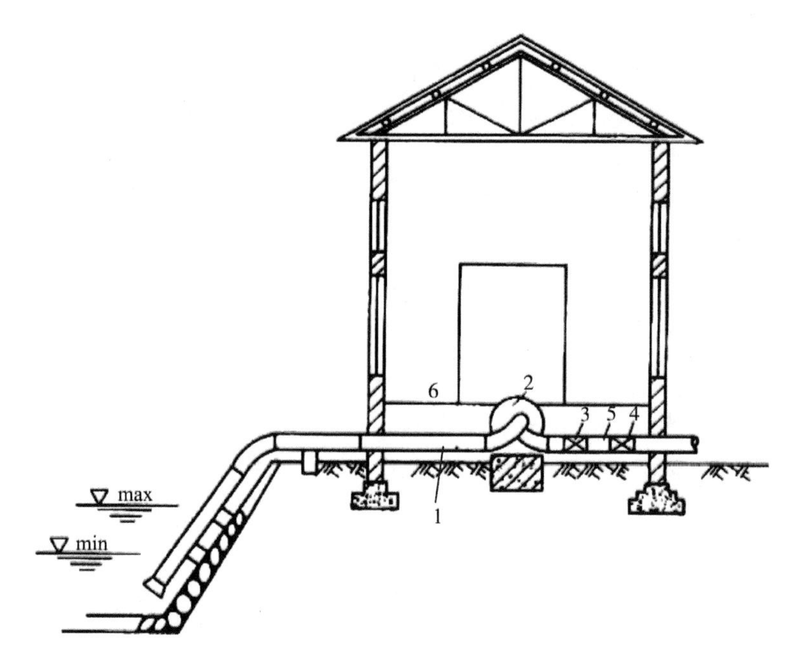

（1—偏心异径管；2—水泵；3—逆止阀；4—闸阀；5—短接管；6—通道）

图 2.3-2 斜坡式泵房

分基型泵房最适用于安装卧式机组，且要求水源水位变幅较小（小于水泵有效吸程）。若水源水位变幅较大仍采用分基型泵房时，为了防止汛期泵房受淹，可在泵房前修建防洪闸进行调节和控制，但这样就不能充分利用汛期的高水位，造成人为的扬程损失。另外，也可在泵房前岸坡上修建挡水墙，但须注意洪水位对地基的不利影响，谨防地基渗水。鉴于这一点，在水源水位变幅较大的地方，一般不宜采用分基型泵房。

斜坡式泵房正面为一斜坡，斜坡上采用浆砌块石护砌或混凝土护坡，适用于地基较好的小型泵站。这种型式岸边施工简单，挖土量较少，但为保证泵房稳定，水泵进口距岸边通常要保证（3～5）D（D 为水泵喇叭口直径）的距离，所以进水管路较长，增加了水力损失。

立墙式泵房正面为直立挡土墙护坡，适用于卧式机组，水源水位变幅小，保证机组不被淹没；水源侧岸坡稳定，地质条件好，渗透性好。这种型式可增加泵房稳定，同时缩短进水管路长度。

2. 分基型泵房主机组的布置型式

分基型泵房按水泵的类型及机组台数，主机组在机房内一般有四种布置型式：

（1）纵向一列式

在采用一列式布置型式时，各机组的轴线位于一条直线上，机组轴线与泵房纵轴线平行，且与进水方向相垂直，如图 2.3-3 所示。这种布置型式比较简单，在安装双吸式离心泵的中小型泵站中经常采用。在机组台数较多时，会增加泵房长度，使前池、进水池及出水池宽度增加。

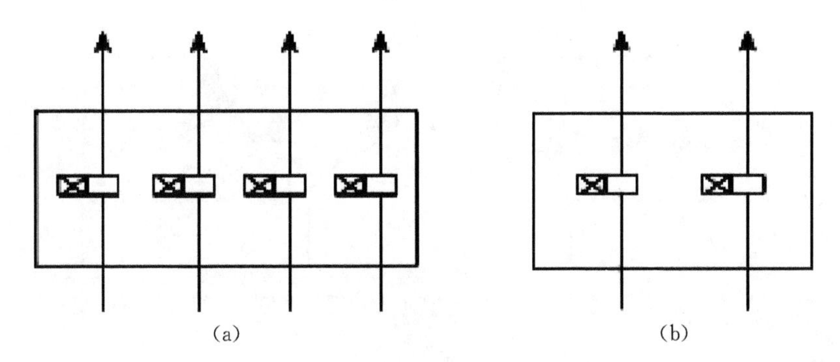

图 2.3-3　纵向一列式布置示意图

(2) 双列交错式

在机组的台数较多或者在机组的间距大于按进水要求所确定的间距时，通常把机组布置成两列，相互交错，如图 2.3-4 所示。这种型式缩短了泵房长度，但增加了泵房的跨度，且管理不便。因此，一般多用于机组台数较多的双吸式离心泵泵房。

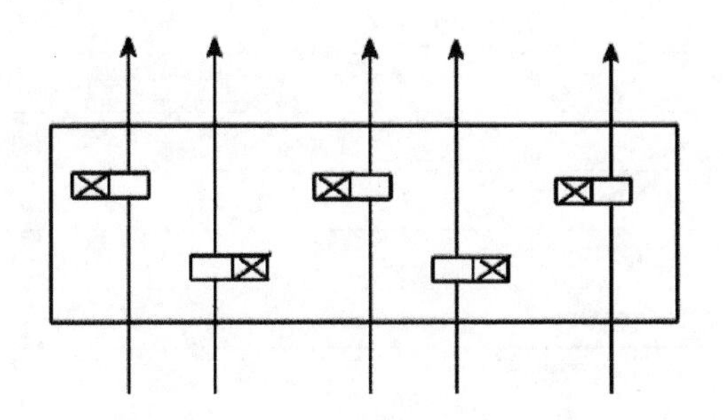

图 2.3-4　双列交错式布置示意图

(3) 平行排列式

在电动机与水泵之间采用皮带传动时，电动机轴线与水泵轴线互相平行，但在泵房长度方向又分别成一列布置，如图 2.3-5 所示。这种型式的泵房机组间距较小，缩短了泵房长度及进水池宽度。在安装混流泵的中小型泵站中经常采用。

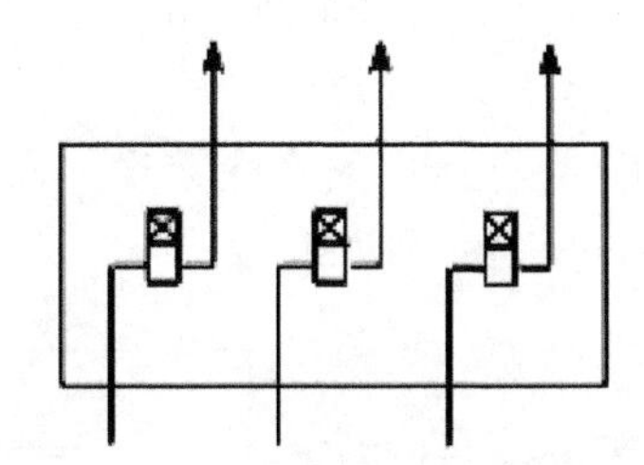

图 2.3-5　平行排列式布置示意图

(4) 斜向排列式

斜向排列式介于纵向一列式和平行排列式之间，如图 2.3-6 所示。对于卧式混流泵或单吸式离心泵，斜向排列还可以减少进、出口连接弯头，改善进、出水条件。

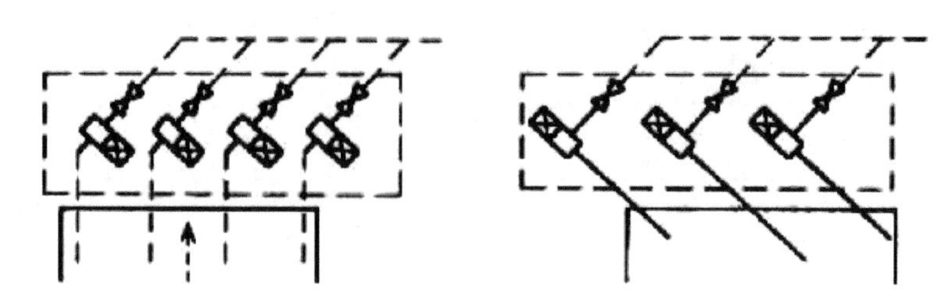

图 2.3-6　斜向排列式布置示意图

3. 分基型泵房主机组的布置尺寸

在布置分基型泵房主机组时，机组(电动机、水泵)之间以及机组与泵房墙壁之间所要求的净间距如表 2.3-2 所示。

表 2.3-2　泵房内设备间最小净间距(m)

类别	单机流量 $Q(m^3/s)$			
	$Q \leqslant 0.3$	$0.3 < Q \leqslant 0.5$	$0.5 < Q \leqslant 1.5$	$Q > 1.5$
机组顶端与墙	0.5	0.7	1.0	1.2
机组与机组顶端	0.6～0.8	0.8～1.0	1.0～1.2	1.2～1.5
机组侧面与墙	0.7	1.0	1.25	1.5
平行布置的机组之间	0.8～1.0	1.0～1.2	1.2～1.5	1.5～2.0
立式电机之间	<1.2	1.2～1.5	1.5～1.8	2.0～2.5

4. 分基型泵房辅助设备的布置

一般在满足主机组要求的条件下，适当布置分基型泵房的辅助设备，以不增加泵房面积为原则来确定。

(1) 配电设备的布置

在中小型泵站中，配电设备的布置一般分为集中布置与分散布置两种型式，如图 2.3-7 所示。在集中布置时，在机组台数较少时，一般集中于泵房一端；在机组台数较多时，则可集中布置于泵房靠近出水口的一侧。在分散布置时，配电柜布置于靠近泵房出水口一侧两台电机中间靠墙的空地上，在配电柜与机组之间留有足够的通道，可以不增加泵房宽度。

在中小型泵站中，为了使主泵房更加宽敞，有时在主泵房一端另建有单独的控制室，将电气控制屏或配电柜全部或部分置于控制室内，进行集中控制。

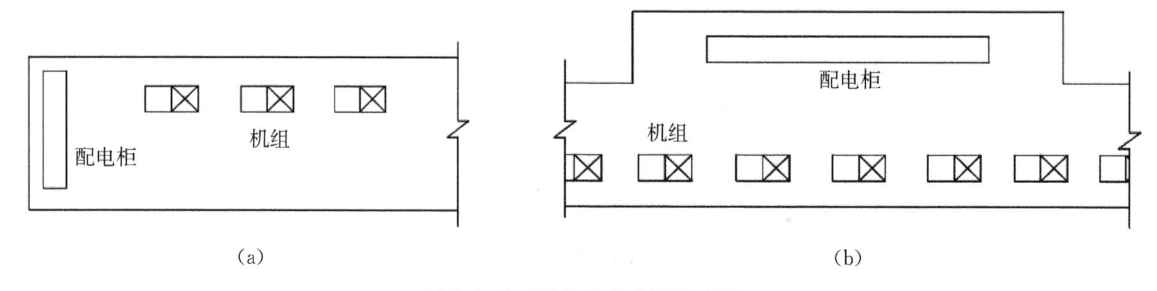

图 2.3-7　配电设备布置示意图

(2) 检修间的布置

对于小型泵站以及机组台数较少的泵站，一般不设专用检修间，利用泵房内空地就地检修。机组台数在 3 台以上的中型泵站，可在靠大门的一端布置检修间，检修间大小应能放下泵房内最大的设备。

(3) 辅助设备的布置

中小型泵站的辅助设备主要有真空泵、排水泵等。在布置时一般以不影响检修、不增加泵房面积为原则进行布置。一般靠近泵房的一端设置。在机组台数较多，需要布置 2 台及 2 台以上的真空泵、排水泵时，可以布置于泵房的两端及机组之间的适当位置。

5. 分基型泵房主要尺寸的确定

(1) 泵房长度

分基型泵房的平面布置如图 2.3-8 所示。泵房长度 L 可按下式确定：

$$L = nl_1 + (n-1)l_2 + 2l_3 + l_4 + l_5 \tag{2.3-1}$$

式中：n—机组台数；

l_1—机组在泵房长度方向的净宽度；

l_2—机组间的净间距，应保证泵轴、电机转子的拆卸，同时，管道中心线的间距还应满足进水管之间的最小距离，即 $l_1 + l_2 \geqslant 2D$(D 为进水管喇叭口直径)；

l_3—当卧式泵安于泵室内时，机组与墙之间的距离；

l_4—检修间要求的长度；

l_5—配电间或其他辅助设备所要求的长度。

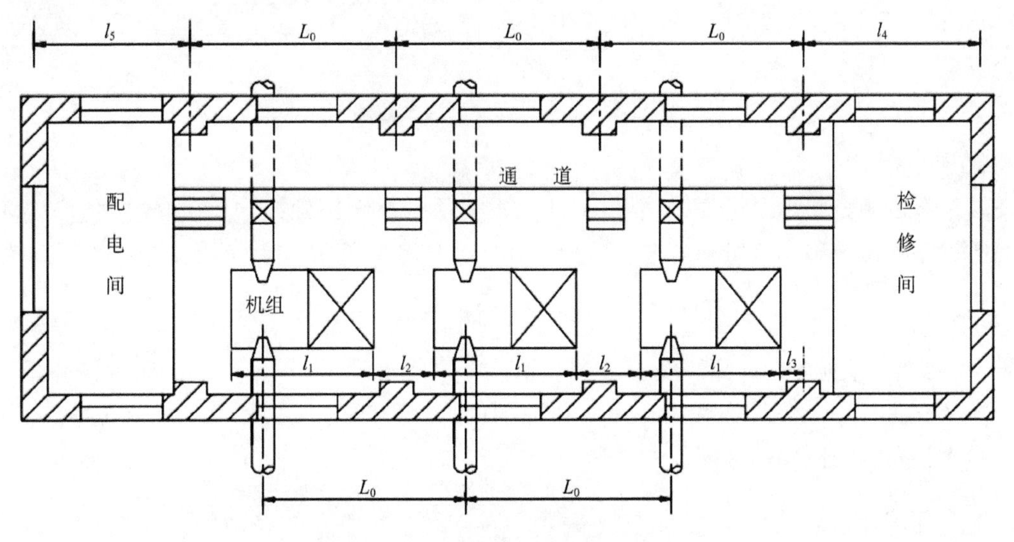

图 2.3-8　泵房平面布置示意图

(2) 泵房宽度

泵房的立面布置如图 2.3-9 所示。泵房宽度主要取决于机组的平面尺寸、排列方式和配电柜的布置方式。小型泵站一般宽 4～5 m，中型泵站一般宽 6～8 m 可满足布置要求。在泵房内布置起重行车时，应结合行车的标准跨度来确定泵房的宽度。

泵房的宽度 B 可按下式确定：

$$B=b_1+b_2+b_3+2b_4 \tag{2.3-2}$$

式中：b_1—泵房宽度方向净宽，包括泵吐出锥管、闸阀尺寸，$b_1=b_{缩}+b_{泵}+b_{扩}+b_{逆}+b_{闸}+b_{接}$；

b_2—水泵吸入口与墙之间的距离 $b_{净1}$，应保证拆装的需要；

b_3—工作过道尺寸(包括配电柜靠墙布置时所要求的安装尺寸)$b_{净2}$，中小型泵站应不小于 1.5 m；

b_4—泵房墙体厚度 $b_{墙}$。

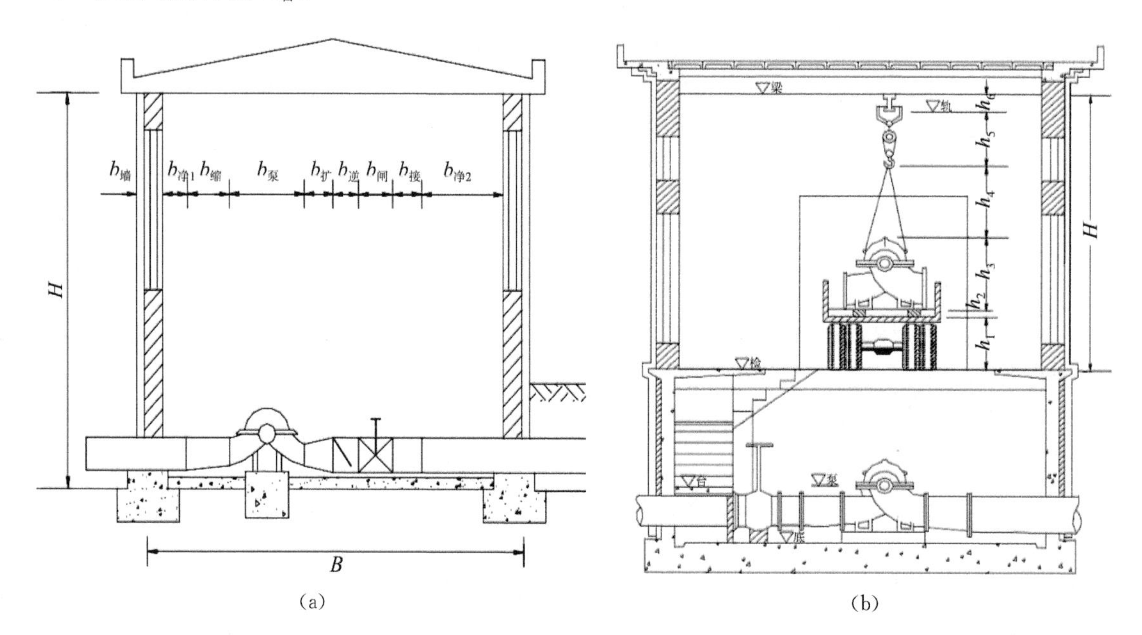

图 2.3-9 泵房立面布置示意图

(3) 泵房高度

在安装吊车的小型泵站泵房内，一要保证从汽车上吊下最大部件；二要满足安装检修要求，即保证所起吊的设备在已安装的机组和管道上通行。分基型泵房高度 H 可按下式确定：

$$H=h_1+h_2+h_3+h_4+h_5+h_6 \tag{2.3-3}$$

式中：h_1—车厢底板距检修间地面高度，m；

h_2—垫块高度，m；

h_3—最大设备(或部件)的高度，m；

h_4—捆扎长度，m；

h_5—吊车钩至吊车轨道面的距离，m；

h_6—吊车轨道面至大梁下缘的距离，m。

2.3.4 干室型泵房结构与布置

1. 干室型泵房的结构型式

干室型泵房有地上和地下两层结构。地上结构与分基型泵房基本相同，地下结构为不能进水的干室。室内安装水泵机组，机组的基础和泵房的基础用钢筋混凝土浇筑成整体。这种泵房型式适合于水泵吸程较低，进水池水位变化幅度较大的场合。干室型泵房的底板和侧墙都是用钢筋混凝土浇筑成整体，挡水墙顶部高程在最高水位以上，底板高位时泵房也不会进水。

干室型泵房的结构型式多种多样，常见有矩形泵房和圆形泵房。矩形干室型泵房便于设备布置和维护管理，也便于进出水管路和进出水池的布置，适合水泵机组台数较多的泵站。但随地下干室部分的高度增加，其受力条件则越来越差，量也增多，因此，矩形泵房适合于干室高度较小的场合。相较矩形泵房，圆形泵房具有较好的受力条件，可以节省建筑材料。但圆形干室型泵房内机组和管路布置不如矩形泵房方便，容易相互干扰。采用立式机组或当机组台数少于5台时宜采用。

2. 干室型泵房主机组的设备布置

干室型泵房主机组的布置与分基型泵房基本相同。但由于干室型泵房所特有的结构型式，在设备布置时必须做到：

(1) 注意室内排水及泵室的防渗处理。

(2) 加强通风措施，在干室较深时，应设置机械通风设备。

(3) 充分利用泵房上部空间。

(4) 泵室内主机组布置时，应考虑到一定的检修空间。

(5) 在主机组的高程低于进水池设计水位时，应考虑到设备的检修。为保证机组检修时室内无水，在布置时应考虑在进水管道上安装闸阀或者在进水池外修建节制闸。

3. 干室型泵房的主要平面尺寸确定

干室型泵房主要平面尺寸的确定方法与分基型泵房基本相同，各部分尺寸的确定可参考分基型泵房的尺寸确定方法来确定。

4. 泵房高度确定

对于小型泵房，没有固定的起吊设备时，应考虑临时起吊设施及通风采光要求，泵房高度不应小于4 m；设有吊车的泵房，其高度应满足吊车在检修间从汽车车厢中起吊设备，并能在已安装好的机组上空自由通行。因此首先要确定检修间高度，然后加检修间至水泵坑的高度，得到泵房高度。

2.3.5　湿室型泵房结构与布置

1. 湿室型泵房的结构型式

湿室型泵房主要特点是泵房下部为湿室，即一个与前池相通的进水池。湿室不仅起着进水池的作用，同时湿室中的水重可以平衡部分水的浮托力，增加泵房的整体稳定。湿室型泵房上部结构与分基型和干室型泵房基本相同，而下部结构常用圬工或钢筋混凝土等材料。湿室型泵房常用立式、卧式轴流泵和导叶式混流泵。根据地形、地质及建筑材料等条件的不同，可分为以下几种型式：

(1) 墩墙式

墩墙式是中小型轴流泵站中最常用的一种型式(如图2.3-10所示)。这种型式的泵房下部三面有挡土墙。各台泵之间用隔墩分开，单独形成进水室，进水条件较好。各进水室的进口设有拦污栅和检修闸，当水泵发生事故需要检修时，其余机组可以照常运行，相互干扰小，运行可靠性较高。支承水泵和电机的梁直接搁在隔墩上。这种结构的优点是泵房不仅可以采用钢筋混凝土结构，也可以采用浆砌石结构，就地取材，施工简单。但这种型式的泵房由于下部结构较重，因此要求地基承载力较大。为减轻重量，在中小型泵站的设计中，可将后侧挡土墙改用预制混凝土拱圈砌筑，这样既减轻了重量，又可加快施工进度。

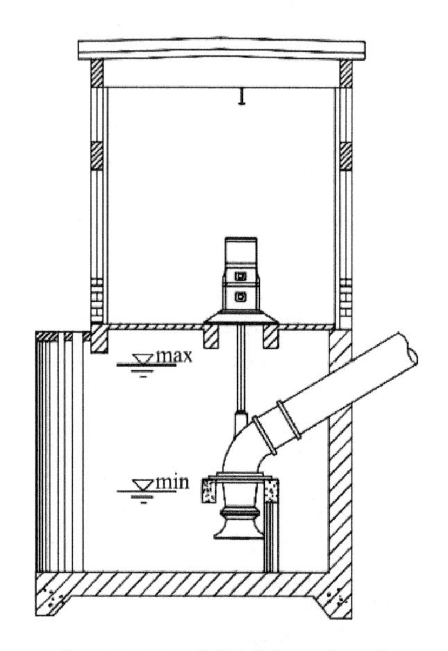

图 2.3-10　墩墙式湿室型泵房

(2) 排架式

为了避免侧墙和后墙的土压力，用钢筋混凝土排架结构代替墩墙来支承水泵机组和泵房的上部结构(如图 2.3-11 所示)。这种泵房位于与排水河道或水源相通的三面护坡的水池中。为了便于设备搬运和管理人员通行，必须在泵房的一侧用工作桥和岸坡连接。这种泵房的优点是没有侧墙及后土压力，可不必考虑泵房的抗滑稳定问题，泵房的浮托力也大大减少。所以排架式泵房具有结构轻、用材省、地基应力小而且分布较均匀的优点。对于灌溉或供水泵房，也可以采用排架式泵房，其缺点是水泵检修不方便，护坡工程量大，通常在地基条件较好的地方采用这种型式。

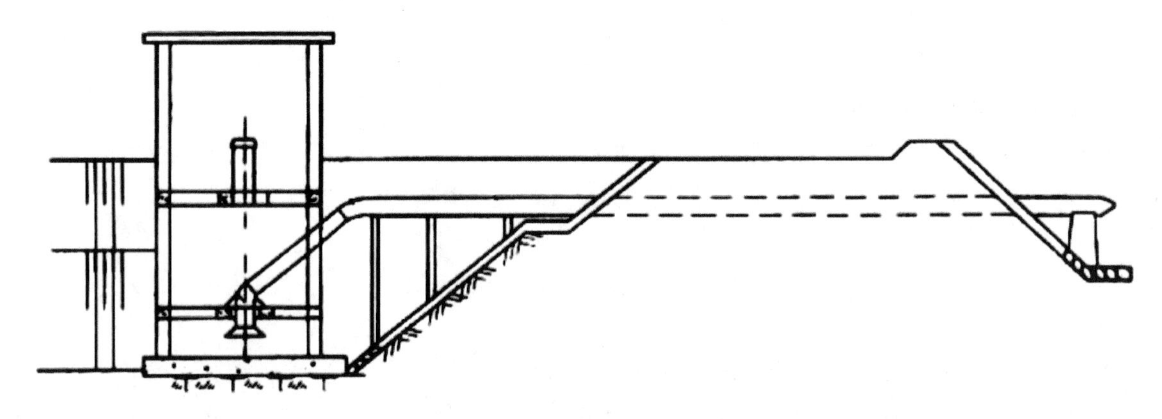

图 2.3-11　排架式湿室型泵房

（3）圆筒式

圆筒式泵房平面为圆筒形，四周填土，用引水涵管将湿室与水源连通（如图 2.3-12 所示）。这样，避免了墩墙式泵房因侧向填土而造成的水平滑动和应力不均匀，也解决了排架式泵房的边坡管涌及护坡工程量大的弊病。圆筒的材料可采用钢筋混凝土，也可采用砖石砌筑。但进水条件较差，施工立模也较麻烦，进水结构可改为有压进水形式以改善流态。这种型式的泵房受力条件较好，圆筒的直径取决于机组台数的多少。在圆筒直径小于 4 m 时，可采用沉井法施工。在机组台数 5 台以上时，在布置时可与汇水箱结合，将汇水箱布置于圆筒中央，则可大大节省土建投资。

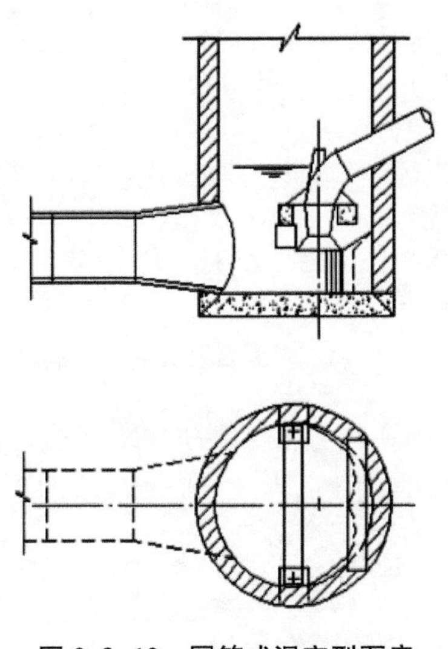

图 2.3-12　圆筒式湿室型泵房

2. 湿室型泵房的设备布置

中小湿室型泵房多采用立式轴流泵，其设备布置比较简单，机组间距和电机层空间主要取决于下层水泵的进水要求和湿室的尺寸，主机组多为单列式布置，考虑到高压进线及对外交通的方便，配电间可以布置在泵房的一端，或者根据具体情况，沿泵房长度方向集中或分散布置。机组台数较多时，也可采用双列布置，以缩小泵房长度。在采用双列布置时，往往后侧机组进水条件较差，二列机组易形成抢水现象，这在设计时是值得注意的问题。湿室型泵房机组布置如图 2.3-13 所示。

由于立式轴流泵叶轮均淹没于水下工作，无需充水设备，但是，启动立式轴流泵时需要向橡皮轴承灌注润滑水，其安放位置应根据水泵的允许吸程确定。另外，还需设有检修水泵时用以抽干湿室内部分积水的排水设备。

泵房上下层之间的设备运送是靠垂直吊运的，所以应在上层楼板上开吊物孔，这样做也有利于满足下层的通风采光要求。泵房内应尽量加大窗户面积，如果自然通风条件不良，可以在上层设一些排风扇来加强通风。

湿室立式轴流泵泵房的平面尺寸是以下层湿室的尺寸为依据的，当然也要满足上层机电设备布置的要求。在设计泵房时，两者要协调一致，如果电机层跨度要求比湿室大，那么可以考虑将电机层在结构上做成悬臂。

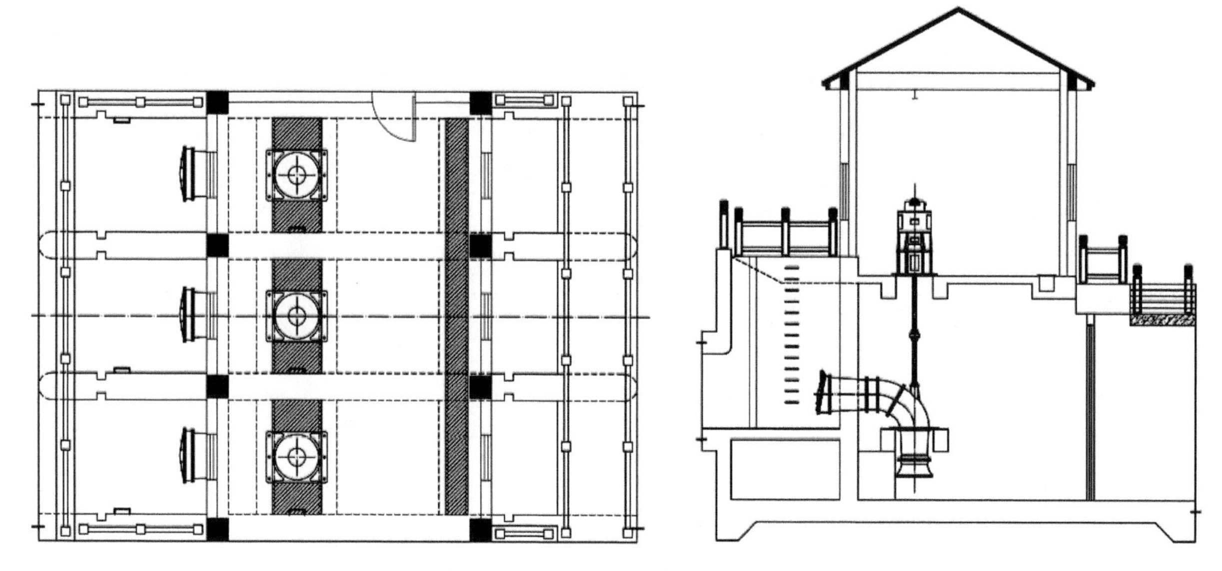

图 2.3-13　湿室型泵房机组布置图

机组一列式布置时，机房宽度的确定与分基型泵房要求类似。对于墩墙式泵房，往往在隔墩上留有检修门槽，为起吊闸门，上部须设临时便桥，为此，机房宽度加上必要的便桥宽度应与进水池长度对应。

3. 泵房高度的确定

泵房高度确定与干室型泵房基本相似。

2.3.6　电气设备及附属设备布置

1. 电气设备布置

（1）室外电气设备的布置：泵站变电所的布置和一般变电所布置相同，变电所一般布置在泵房一端或附近的空地上，在满足进线要求的前提下，应靠近泵房布置，以减少导线或电缆的长度。

当主机单机容量较大，或机组台数较多，励磁变压器的容量较大，数量也较多，室内难以布置时，往往将其同站用变压器一起布置在室外。

（2）室内电气设备的布置：常采用的布置方案有就地布置、集中布置、开关柜单另布置等。

2. 供、排水系统设备的布置

供、排水设备应布置在取水、供水、排水方便可靠的地方，同时与邻近的设备及建筑物留有一定的安全操作距离。

第三章　泵房建筑方案设计

小型泵站泵房具有特定的地域性，多位于农村区域。随着时代的发展和设备的改进，以往的泵房设计逐渐显现形体简陋，建筑高度偏低，采光性、通风性较差等不足；不仅影响了使用功能，也对建筑造型、美感等方面设计缺乏考虑，对新时代新农村环境的优化、美丽乡村建设理念的落实不利。为了使农村泵房适应社会主义美丽乡村的发展要求，与美丽乡村的理念相融合，实现泵房设计艺术特性的自然形态在特定环境中的运用，使其与自然和谐共生，实现与自然的对话，应分析乡村原有的院落围合的建筑形式与树木围绕村舍的田园景观，挖掘原生态的乡村记忆理念，并运用到小型泵房方案设计中，因生态而孕育美丽，因美丽而产生魅力，因魅力而带来活力，因活力而促进可持续发展，实现泵房方案设计在不同背景的自然环境下的艺术提升。

泵房作为水工建筑的特定类属，在建筑观念和艺术审美的双重驱动下，愈加注重外观形态的艺术提升，以及与近边自然人文因素的呼应，即秉承建筑设计的整体性、时代性、地域性、生态性的原则，以达成泵站内外设计因素的整体融合。

而现代建筑设计的原则、方法和形式美法则，以及当地传统建筑的形制工艺等，都同样适用于泵房设计。其艺术设计的范畴，主要包括对泵站内部空间的优化，以及外观造型的形式塑造，在满足其基本工程属性的基础上，促成建筑景观的协同美化。

3.1　泵房艺术设计原则

3.1.1　整体性原则

整体观，是建筑设计的重要准则，包括三个层面的含义。

(1) 建筑设计是多个行业门类的协力之作

如水工建筑融合了建筑工程、水利工程、艺术设计及景观规划等不同专业的知识。泵站建筑设计必然是各领域从业人员在建筑形式、技术策略、建构方式等方面的协同合作。

(2) 泵房自身的整体观

形式追随功能，是建筑设计的基本原则。泵站作为相对独立的水工建筑的一种特定类属，具有特定的空间功能要求和尺度要求。因此，泵站设计应在此基础上，遵循形式服从功能的原则开展造型设计。首先对构筑物环境的意向有统一的设想，对建筑环境的属性、体量、风格、符号进行概念预想，继而借助空间要素的整合和再创造，以建筑的语言形式表达出来。泵站设计是典型的艺术性和实用性相结合的创作，强调创意构思的独特性和空间功能的特殊性、完整性的三项融合。这是泵房设计整体性原则的根本要求。

(3) 建筑与所处环境的整体协调

即与自然地形（承载建筑的基座）、自然材料（构成建筑的物质）和气候条件（对应的环境）这三点相适应，以及与人文风貌相呼应，尊重自然原则，体现人文原则，共同构成自然、建筑与人的统一。从艺术设计的角度，主要体现于：

①协调泵房与环境的比例关系：如处在农田地块中的泵站与地块之间的体量高差比例，以及与其他水利建筑之间的体量比例关系等。

②协调泵房与环境的色彩关系：泵房立面装饰与外部空间环境的色彩关系，不容忽视。醒目或消隐，是两个设计思路。前者通过对已有环境色彩进行分析，选择具有差异性的色相和明度，突出泵站建筑的存在。后者主张在色彩处理上，采用近似色处理，以形成和谐消隐的效果。二者都是在整体构思基础上的选择。

③协调泵房与环境的质感关系：质感是材料的外在特征，材质是影响泵站外观形象的重要因素。相较于色彩，材质更具人文性和地域性。它的整体观表现在对当地易得的建筑材料、能源和建造技术的借鉴。当地建筑材料是历史情愫的积淀，其材料工艺与纹理技术有其特定的文化内涵。材质的选择，直接左右着泵站建筑的设计理念、审美趋向以及人文表达。

3.1.2 时代性原则

建筑艺术设计是审美与技术的产物，具有鲜明的时代特征。优秀的建筑无不与时俱进，经得起时间的考验，并富有强烈的艺术生命力。可以说功能和艺术，是延续建筑寿命的两大因素。

(1) 设计观念层面的时代更新

泵房作为环境设计的一部分，近年来备受重视，其设计观念主张借助艺术的手段掩饰或弱化其工程建筑特征，完成艺术化提升。建筑设计的观念，是不断动态发展的，因此泵站造型的设计应立足于时代，传承经典的艺术观念的同时，兼顾与时代审美发展相匹配的创新性，及时更新设计思路，既要从时尚中寻求灵感，又要超越时尚，把握其内在的本质，才能获得可持续的认同。

(2) 设计技术层面的时代更新

此处所指的设计技术，不仅指建造技术，更是设计的过程辅助。相较于传统的设计过程和参数获得，现代科技赋予了建筑无限可能。地理系统对建筑外部环境信息的整理高效而且准确，计算机的图像和建模功能，使建筑方案的预览和修改更快捷；同时参数化技术的介入，也给建筑的表皮设计带来了诸多便利。参数化设计能够整合更为复杂、精确的功能要素，借助这一工具，使其具有积极意义的效能被激活、优化，而且它能够帮助建筑师高效地完成设计。不同的参数能够生成的形态千变万化，在泵站造型设计的参数计算过程中，设计结果能基于其中的可变量进行预测，同时在过程中又不断生成新的变化。设计师在其中扮演的角色更像是一个抉择者，在各种参数阈值选择中去拟定建筑表皮最终的形态。这使得那些实施难度更高的复杂形态，以更简单有效的方式被完成。

3.1.3 地域性原则

地域文化指的是具有地方色彩的文化，是经过长期发展形成的系统性文化；是指文化在一定的地域环境中与环境相融合，打上了地域的烙印的一种独特的文化，具有独特性。建筑是文化的重要载体，经过长期发展，各个地区传统建筑都形成特色鲜明的特征。建筑设计中对传统建筑文化直接表现和传承，是地域文化运用的最直接方法。

(1) 在设计观念上,建筑的地域文化有物质和非物质之分

物质文化层面的地域文化主要指的是不同地区的天然物理环境呈现出来的地域性和选择的建筑材料的地域性。设计师在考察不同区域的自然条件之后,需要运用不同环境下的建筑材料设计,因地制宜地最大限度地发挥材料力学和美学特征。非物质的地域文化,一般指“十里不同风,百里不同俗”的乡土文化及其在建筑中的体现。每一处乡村都会随它的地貌、气候、风俗的不同,各具差异。泵站是乡土环境中的代表性建筑符号,已经成为农业精神和文化的载体。因此,具有典型地域特点的泵站建筑设计,可以更好地实现对乡土建筑传统精神的传承。

(2) 在设计途径上,地域性通常指文化风格、材料技艺等地域化特点

①提取文化符号,是利用抽象的手段从文化中提炼历史元素,通过打散、分解、重构的方法,将设计与传统的建筑风格合理衔接,保留有特色的老建筑形制,并在建筑理念上探索寻找历史文化与现代审美合理融合的设计途径,进而精准传递地域文化。

②运用乡土材料。使用与当地特色文化相符合的建筑材料,可以有效地保护地域特色文化。泵站建筑应积极尝试传统建筑材料语言,凸显区域建筑技术,实现自然与建筑的有效融合,唤起集体记忆,使人获得情感认同和归属感。

3.1.4 生态保护原则

生态性包含对建筑材料、技术、性能、生态效益、环境成本、可持续发展等内容的综合考量,科学合理地协调建筑与生态环境之间的各种相关因素,进而打造高效率、低能耗、低污染的建筑环境,形成建筑与自然相互协调的环境体系。在这个体系中,建筑与周围环境融于一体,减少了因为工程建设造成的环境污染和资源浪费;并采用再生资源和绿色建材,使相关资源得到优化配置,实现工程环境效益的最大化,使生态系统处于平衡状态,符合生态和谐原则。

生态建筑,倡导环保原则。要求建筑设计遵循“四节一环保”(节约土地、节约能源、节约用水、节约材料以及环境保护)基本思想。其特点主要表现在几个方面:①符合全生命周期理论,尽量做到节约资源、节约能源、回归自然。②建设设计降低对周边环境的污染破坏力度,尤其是严格控制废气、废水等的排放。③建筑施工材料必须符合国家环保要求,尽量应用可再生材料,以避免有机合成材料在后期使用过程中释放有害物质。④绿色建筑与节能技术的有效结合,通过广泛应用太阳能、风能等可再生资源和清洁能源,保证温控系统以及照明系统正常运行的同时,减轻对周边自然生态系统的污染以及有效节约不可再生的能源。

3.2 泵房造型设计方法

3.2.1 泵房空间设计法

建筑造型是内部空间的立体化。建筑形体不是一种独立存在的因素,而是作为内部空间的反映,必然要受制于内部空间。同时作为外部空间的手段,内部又不可避免地要受制于外部形态。建筑同时要受到内、外两方面空间的制约,只有两者的制约关系协调起来,才能得出内外呼应的合乎逻辑的造型选项。

由内而外设计法，是建筑设计的常规方法。泵站内部空间设计一般从泵站特有的空间组织关系导入，如泵房、辅助用房、值班室、走廊等，推定其基本的功能配置、面积比例、亲疏关系，以及空间的形态比例、空间的围透关系、空间的衔接与过渡、空间的序列与节奏等，然后纵向拉伸，确定门窗位置、屋顶形态、梁柱关系等，从而完成由二维到三维的建筑立体化过程。室内空间布局的合理性，是泵站建筑设计作为特殊建筑类型得以运营的先决条件。

3.2.2 泵房造型设计法

由外而内设计法，称为立体造型法，即立体几何分析法，是先产生造型然后反推室内空间的一种方式，是现代建筑设计的方法之一，其分析角度是多维、完整的，同样兼顾建筑实体和空间两个方面的双向合理性。

造型法把建筑视为简单的几何母体，如以立方体盒子为基本造型单元，将不同大小、不同方向的体块重组，在对比、变化中交叠、切割、挖补，达到多样统一的效果。其中“重组”法是进行体块的加法，“切割”是体块的减法。加法和减法的选择，取决于形式美感的平衡需求，更取决于内部功能的限定性，如泵房门、窗、立柱等，就是结构性凸起和凹入的交错，以此搭建丰富的内外部空间形态。

泵站造型首要处理的关系，是体块组合关系。主要体现在三个方面：

（1）轴向的对比。轴向是指组成泵站建筑的立方体的长、宽、高之间的比例关系，即笛卡尔坐标向量 X 轴、Y 轴、Z 轴。三者方向各异，影响着建筑的方向感和均衡感。泵站各个空间所对应的体块，在加减的方式下，整体 X 轴左右铺陈，部分 Y 轴上下延伸，在高低错落的组合推敲中实现体块的韵律美。

（2）形体的对比。泵站的建筑要素如屋顶、门窗、立面等，可以采取三角形体、长方体、多边形体等形态各异的几何体进行组合，在对比中建立形式美的平衡关系。形体的对比，使建筑形态更具特殊性和丰富性。

（3）曲直的对比。由平面围合成的体块，其面与面相交所成的棱线是直线，由曲面围合的体块，其面与面相交所成的棱线是弧线。这两种线型分别具有不同的特征。处理二者关系的关键点在于，通常以其中某一种形式为主，如建筑主体以直线造型为主体，局部辅以曲面加以对比调和，达到既有直曲变化又协调统一的整体感。

3.2.3 泵房表皮设计法

建筑整体体块关系确定后，建筑的立面轮廓线、建筑表皮的综合处理，决定建筑的立面特征。立面设计方法主要包括以下几种：

（1）外轮廓线的处理

建筑轮廓线是反映泵房特征的重要方面，容易形成鲜明的记忆点。尤其在特定天气如雨雾、特定时段如早晚或逆光观察构筑物时，造型细部和凹凸转折变得模糊，构筑物的外轮廓则显得更加突出。外轮廓线受造型体块的左右。为此，在考虑体量组合和高度关系时，可以通过视觉上的对称或均衡，推敲出具有形式感的外轮廓线。

（2）虚实的处理

虚实与凹凸的处理，对于建筑外观立面效果影响极大。虚与实、凹与凸，既是相互对立的，又是相辅相成和统一的。虚实、凹凸处理必然涉及墙面、柱、阳台、凹廊、门窗、挑檐、门廊等的组合问题。其中墙体是实，门窗凹廊是虚。虚的部分，由于视线可以达到建筑内部，给人感觉轻巧、玲珑、通透。实的部分不仅是结构支撑所不可缺少的构件，而且从视觉上也是“力”的象征。在建筑的体形和立面处理中，虚和实缺一不可。实多虚少时，建筑坚实有力；虚多实少时，建筑轻盈空透。泵站的立面，须结合建筑属性和功能特点，有机处理以上要素之间的虚实、凹凸关系，形成既有变化又相对和谐的统一整体。

(3) 结构的处理

立面结构主要是与形式美有关的结构细节。如泵站门窗的凹凸、倾斜、结构式附加等方式的处理。相对于一般门窗处理方式而言，设计感的产生主要体现于凹凸幅度的增大，和伴随产生的强烈空间拉伸感。同时，门窗结构的外造型，也可以通过边缘的斜面处理，产生倾斜感，从而赋予建筑动感和独特的记忆点。当门窗尺度、位置和造型，都受到较大约束时，立面的丰富度可以通过对窗间附加结构的调整，形成一定的形式突破。如依托门窗的横边和竖边的延长线，密排隔栅，或加厚纵横柱、调节柱面倾角等。

建筑包裹法，也是一种有效的立面处理方式。即不改变泵站的原始建筑形态，而在其原建筑的外围，通过某种极具形式感的造型复制，完成对建筑的全面包裹，产生醒目而统一的肌理特征。建筑物的表皮肌理，一方面可以借助点线面的构成语言进行设计；另一方面可以采用仿生设计法，它分为形态仿生、结构仿生、材料仿生、行为仿生和系统仿生等。泵房仿生，除整体体块的形态仿生与变形之外，主要表现为立面形态对周边环境因素的提取、抽象和结构化，如农田斑块肌理、农作物肌理、浮藻肌理、植物叶脉肌理、天然材质肌理等，甚至对于禽鸟腔体的结构仿生，以及对禽鸟动势、肢体对称性等原理的符号转化，等等。这也是泵站在意象上与周边环境相呼应的方法之一。

(4) 色彩区块处理

色彩，也是构成建筑立面的主要设计语言。它既包括各种材质自然呈现出的实际色差，也包括单纯的色彩化处理。主观调整色彩的固有色相、饱和度，以及色块、色域的大小比例，色块的形态构成等，都将产生微妙的差异感，都会为立面营造全然不同的视觉形式。而色块与原始门窗的巧妙结合，甚至可以产生假性结构的视错觉，从而具有一定的趣味性和装饰效果。

3.3 泵房形式美法则

3.3.1 统一与变化

统一与变化，是建筑艺术设计最根本的法则和审美标准。这一标准主要表现在两个层面。

(1) 体现于设计思路的全局观

泵房设计的步骤是“整体—局部—整体”，思维呈现循环校验的状态。也就是说泵房艺术设计，必须从整体意向出发，把宏观关系放在首位，其次才是局部细节设计。在进行局部设计时，要始终把控局部在整体中的地位和比重，自始至终在整体宏观关系的制约下，进行建筑物的局部设计。

(2) 体现于形式语言的有机统一

建筑外观的形式语言包括形、色、质，各个因素虽各自精彩，但应统合在一致的意向把控中，在对比之中求得有机统一。也就是指，构成整体的各要素之间，必须排除任何偶然性和随意性，而表现出一种互为依存和相互制约的关系，从而显现出一种明确的秩序感。

3.3.2 均衡与稳定

均衡与稳定，是指建筑整体体块关系的平衡，给人以稳定的视觉感觉。一般可以分为对称式和不对称均衡式两类。

其中，对称式均衡建筑更加具有稳定感，具体做法是取建筑的中心点作纵向中轴线，左右建筑结构呈镜像关系分布。纵向中轴线如同视觉的天平，而每一个设计语言都是中轴两侧托盘上的视觉砝码。对称式均衡，相当于天平左右的砝码完全相等，一般多见于传统建筑、办公建筑、工业建筑及多数水工建筑。

而不对称均衡，是打破常规的建筑形式，打破正居中的纵向轴向，通过巧妙处理建筑的体块高差、轴向尺度、色质轻重等方式，达到纯视觉层面的相对平衡的稳定。此类设计方法，可以突破泵站建筑外观的常规形式，实现不完全对称的灵动感。

3.3.3 对比与微差

对比与微差，是指建筑各个构成元素的变化差值。差值小称为微差，指细微的差异；差值大称之对比，是显著的差异。就形式美而言，两者相辅相成。

在建筑设计中，强烈的对比可以突出建筑的特点。如泵站主楼和外廊有高低大小的显著对比，则既能表现主建筑的高度，又能把附属建筑的延展空间表现出来。而微差，是变化较小的形式，多体现为形态、色彩、肌理的同中求异。色彩的对比和变化主要体现在色相之间、明度之间及纯度之间的差异性，质感的对比和变化则主要体观在粗细之同、坚柔之间以及纹理之间的差异性。微差，可以增加各设计元素之间的连续性、协调性，从而产生微妙丰富的视、触觉感知。但是缺乏对比的建筑形象，会较为呆板，而对比过度的建筑形象，则容易忽略整体感。所以，把握好对比与微差的变化规律，需要在视觉的平衡基础上做反复推敲测试，以达到既变化又和谐的设计效果。

3.3.4 节奏与韵律

节奏与韵律，来源于音乐与视觉的通感，是将同一元素进行有规律的重复，产生具有秩序性的变化，从而激发人的审美体验。在泵站设计时，对节奏与韵律的把握，可以建立起一定的秩序感。如建筑的立柱、窗间墙、窗台线、遮阳板等，相互穿插形成特别的节奏和韵律感，形成丰富的建筑外观。其中，最常用的韵律法，有连续韵律、渐变韵律、交错韵律、起伏韵律。这是提升建筑立面的形式美感最直观有效的手法。

3.3.5 比例与尺度

比例与尺度，是指建筑要素本身、要素之间、要素和整体之间，在度量上的一种制约关系。在建筑领域中，从全局到每一个细节，无论是整体和局部，还是局部与局部之间，都存在着比例关系，都必须要处理构筑物形态的大小、高矮、长短、宽窄、厚薄、深浅之间的比例关系。良好的建筑比例关系，能给人以和谐舒适的感受，反之则无法产生美感。艺术的比例，是一种相对的尺度感，既体现于建筑构件之间的尺度关系，又体现于建筑空间与人体之间的比例关系。以人体比例为参考，有助于建立建筑的整体尺度感，如以不同尺度特征，塑造泵站建筑宏大的工程特征，或者打造成具有情感共鸣的质朴乡土建筑特征。总之，如前所述的对比、尺度、韵律、变化等形式美法则，归根到底都是审美度量之间的制约关系，也即比例问题。

3.4　泵房艺术设计风格

中国建筑从原始社会开始利用天然环境的洞穴作为住所的一种较普遍的方式，历经五千年的发展，到目前的现代文明社会，已经运用先进的科学技术来建造不同要求的建筑。建筑建造不仅仅能满足最简单的生活要求，而且是一种将建筑美学和科技相融合的艺术表达。

在建筑风格上也出现形式各异的表现方式，这里粗略归纳为四种表现风格：古典风格、新中式风格、现代风格、西式风格。

3.4.1　古典风格

(1) 以木构架为主的结构方式

中国古代建筑惯用木构架作房屋的承重结构。木构梁柱系统约在春秋时期已初步完备并广泛采用，到了汉代发展得更为成熟。木构结构大体可分为抬梁式、穿斗式、井干式，以抬梁式最为普遍。抬梁式结构是沿房屋进深在柱础上立柱，柱上架梁，梁上重叠数层瓜柱和梁，再于最上层梁上立脊瓜柱，组成一组屋架。平行的两组构架之间用横向的枋联结于柱的上端，在各层梁头与脊瓜柱上安置檩，以联系构架与承载屋面。檩间架椽子，构成屋顶的骨架。这样，由两组构架可以构成一间，一座房子可以是一间，也可以是多间。

(2) 独特的单体造型

中国古代建筑的单体，大致可以分为屋基、屋身、屋顶三个部份。凡是重要建筑物都建在基座台基之上，一般台基为一层，大的殿堂如北京明清故宫太和殿，建在高大的三重台基之上。单体建筑的平面形式多为长方形、正方形、六角形、八角形、圆形。这些不同的平面形式，对构成建筑物单体的立面形象起着重要作用。由于采用木构架结构，屋身的处理得以十分灵活，门窗柱墙往往依据用材与部位的不同而加以处置与装饰，极大地丰富了屋身的形象。

(3) 中轴对称、方正严整的群体组合与布局

中国古代建筑群的布置总要以一条主要的纵轴线为主，将主要建筑物布置在主轴线上，次要建筑物则布置在主要建筑物的两侧，东西对峙，组成一个方形或长方形院落。这种院落布局既满足了安全与向阳防风寒的生活需要，也符合中国古代社会宗法和礼教的制度。当一组庭院不能满足需要时，可在主要建筑前后延伸布置多进院落，在主轴线两侧布置跨院(辅助轴线)。

(4) 变化多样的装修与装饰

中国古代建筑对于装修、装饰特为讲究，凡一切建筑部位或构件，都要美化，所选用的形象、色彩因部位与构件性质不同而有别。台基和台阶本是房屋的基座和进屋的踏步，但给以雕饰，配以栏杆，就显得格外庄严与雄伟。屋面装饰可以使屋顶的轮廓形象更加优美。如故宫太和殿，重檐庑殿顶，五脊四坡，正脊两端各饰龙形大吻，张口吞脊，尾部上卷，四条垂脊的檐角部位各饰有 10 个琉璃小兽，增

加了屋顶形象的艺术感染力。

(5) 丰富的色彩

建筑物上施彩绘是中国古代建筑的一个重要特征，是建筑物不可缺少的一项装饰艺术。彩绘原是施之于梁、柱、门、窗等木构件之上用以防腐、防蠹的油漆，后来逐渐发展演化为彩画。彩画是中国古建筑中重要的艺术部分。北京天安门城楼、故宫三大殿、天坛、颐和园、雍和宫等重要建筑的室内外，特别是在屋檐之下的金碧红绿彩画，使阴影部分的构件增强了色彩对比，同时使黄绿各色屋顶与下部朱红柱子、门窗之间有一个转换与过渡，使建筑更显辉煌绚丽。

朴素淡雅的色调在中国古建筑中也占了很重要的地位。如江南的民居和一些园林、寺观，以粉墙、青灰瓦顶掩映在丛林翠竹、青山绿水之间，显得清新秀丽。

(6) 写意的山水园景

中国古典园林的一个重要特点是有意境，它与中国古典诗词、绘画、音乐一样，重在写意。造景家用山水、岩壑、花木、建筑表现某一艺术境界，故中国古典园林有写意山水园之称。从造景艺术创作来说，它摄取万象，塑造典型，托寓自我，通过观察、提炼，尽物态，穷事理，把自然美升华为艺术美，以之表现自己的情思。赏景者在景的触发中引起某种情思，进而升华为一种意境，故赏景也是一种艺术再创作。这个艺术再创作，是赏景者借景物抒发感情、寄寓情思的自我表现过程，是一种精神升华，使人心性开涤，达到高一层的思想境界。

3.4.2 新中式风格

(1) 新中式建筑的表现形式

新中式建筑不仅在文脉方面与中国传统建筑一脉相承，而且更重要的是体现在对传统建筑的发展和变化上：既很好地保持了传统建筑的精髓，又有效地融合了现代建筑元素与现代设计因素，改变了传统建筑的功能使用，给予重新定位。

(2) 新中式建筑的空间组合

在建筑的空间组合上，取传统建筑的精华。新中式建筑在空间设计上既保留了传统文化，又体现了时代特色，打破中国传统风格中沉稳有余、活泼不足等弊端。“院落”是中国传统建筑的灵魂，在中国人的生活中更像是一个大而开放的起居厅。新中式建筑重视庭院空间的布局，形式比较多样而且开放或下沉设在半地下，或抬高放在屋顶，形成屋顶花园。

(3) 新中式建筑的形态构成

形态包括建筑其自身的形式及其所形成的“场”，有形态才会传神。形式指建筑的几何构成，“场”指建筑给人的精神感受所形成的氛围。新中式建筑之“形”在于通过建筑本身形态的回归，寻找传统文化的底蕴，以现代之形体现传统建筑文化之神韵。由于地区文化差异，北方的建筑更多地融合了汉唐的建筑元素。以皇家建筑为典范，添加了“大宅门”的感觉，给人感觉比较威严气派，与南方建筑的轻巧柔美大不相同。南方新中式建筑之“形”主要以江南园林的建筑形式为主，更多地融合了明清时期的建筑元素，加重了亭、台、楼、阁的建造，讲究生活的情趣，给人清新自然之感。新中式建筑将传统建筑符号加以改造和创新，用于新建筑，从而创造出具有中国韵味的新建筑。

(4) 新中式建筑的色彩搭配

中式建筑具有浓郁的地域特色，讲究色彩的搭配。江南水乡的青砖、粉墙、黛瓦与山明水秀的自然环境相融合。而北方的建筑物多色彩浓艳，对比强烈。如红墙黄瓦的北京故宫，红色的院墙，金光闪闪的屋顶，配上蔚蓝的天空作背景，强烈的对比，给人留下深刻的印象。中国红、琉璃黄、长城灰、玉脂白等已经成为中国传统建筑的固有色，这些色彩营造出崇高、喜庆、祥和、宁静、内敛的新中式建筑空间。

（5）新中式建筑的材料选用

传统建筑材料以砖、石、木为主，已经远远不能满足现代建筑的要求。建筑材料的选用与建筑的艺术效果有着直接的因果关系。如何利用现代新建筑材料，如混凝土、钢、玻璃等体现传统建筑文化，是值得我们深刻探讨的问题。有一种途径值得借鉴和学习——利用可循环使用的建筑资源。建筑垃圾中有一部分是可以回收利用的，新中式建筑可以将其利用起来。这些破旧砖石瓦砾的再利用不仅能节能环保，而且其本身是历史文化的载体。

新中式建筑通过现代材料和手法修改了传统建筑中的各个元素，并在此基础上进行必要的演化和抽象化，以及融入了西式生活流线的理念，外观上看不到传统建筑的原来模样，但在整体风格上，仍然保留着中式住宅的神韵和精髓。空间结构上有意遵循了传统住宅的布局格式，延续传统住宅一贯采用的覆瓦坡屋顶，但不循章守旧，根据各地特色吸收了当地的建筑色彩及建筑风格，能自成特色。因此新中式建筑更适合现代国人的居住习惯和心理需求，也让更多的人感受到用现代精神诠释后的文化回归与自醒。

3.4.3　现代风格

（1）现代建筑的特点

竖线条的色彩分割和纯粹抽象的几何风格，凝练硬朗，营造挺拔的社区形象布局。波浪形态的建筑布局高低跌宕，简单轻松，舒适自然。强调时代感是现代建筑最大的特点。

现代建筑简洁明朗，将设计元素、色彩、照明、原材料简化到最少程度，但对色彩、材料的质感显露要求较高，空间设计含蓄，以期能达到以少胜多、以简胜繁的效果。通过采用大面积玻璃、铝板、石材等建筑材料的装饰，将现代风格的建筑特点全面地诠释出来。

现代建筑强调建筑要随时代而发展，应同工业化社会相适应，强调建筑的实用功能和经济问题，主张积极采用新材料、新结构，坚决摆脱过时的建筑式样的束缚，放手创造新的建筑风格，主张发展新的建筑美学，创造建筑新风格。

现代建筑以简洁的造型和线条塑造鲜明的社区“表情”。通过高耸的建筑外立面和带有强烈金属质感的建筑材料堆积出居住者的悬浮感，以国际流行的色调和非对称性的手法，彰显都市感和现代感。

（2）现代建筑风格的发展

现代建筑风格有一个趋势，就是要随着时代而发展，而且因为现在工业化发展的速度比较快，建筑风格也要与这个社会相匹配。

在设计的时候主要讲究的就是整个建筑物的实用性，包括经济问题，所以设计的时候比较侧重于建筑物的实用功能，还有成本的问题。

因为现在气候变化、环境污染较为严重，所以在选择材料的时候就要选择一些环保的材料，同时还要结合新结构，发挥出新的特点。与过去的一些传统的建筑结构相比较，现代建筑摆脱了束缚，创造出了新的建筑风格，符合了现代的审美。它将各国的审美融合在一起，有各国的元素，所以已经走向了国际化。

(3) 现代建筑风格

现代建筑风格有很多，比如有新古典主义，它是在欧陆风格的基础上面演变出的一种，追求简单轻松的气氛。国内这种建筑风格还是比较多的，而且属于一种主导的类型。还有现代主义的风格，没有过多的装饰，一切讲究的就是实用性，而且整个外观看起来更加简洁明了，体现了都市节奏，又具备了生活的气息。

3.4.4 西式风格

西式风格建筑主要分为欧式建筑和美式建筑。

(1) 欧式建筑

欧式建筑风格是一个统称，欧式建筑强调的是个性，以华丽的装饰、浓烈的色彩、精美的造型达到雍容华贵的装饰效果，所以一般欧式建筑上有很多棱角。喷泉、罗马柱、雕塑、尖塔、八角房这些都是欧式建筑的典型标志。

欧式风格分好几种：典雅的古代风格，威严的中世纪风格，富丽的文艺复兴风格，浪漫的巴洛克、洛可可风格，一直到庞贝式、帝政式的新古典风格，它们在各个时期都有各种精彩的呈现，是欧式风格不可或缺的要素。

欧洲风格在建造形态上的特点是简洁、线条分明、讲究对称，运用色彩的明暗、深浅来进行视觉冲击；在意识上则使人感到雍容华贵、典雅，富有浪漫主义色彩。其中古希腊风格的特点是和谐、完美、崇高。古罗马风格的特点是不仅借助更为先进的技术手段，发展了古希腊艺术的辉煌成就，在新的社会、文化背景下，将建筑转入世俗，赋予这种风格以崭新的美学趣味和相应的形式特点。哥特式建筑的风格特点就是空灵、纤瘦、高耸、尖峭，直接反映了中世纪新的结构技术和浓厚的宗教意识。巴洛克建筑风格的基调是富丽堂皇而又新奇欢畅，具有强烈的世俗享乐的味道。

(2) 美式建筑

美式建筑风格实际上是一种混合风格，不像欧洲的建筑风格是一步步发展演变而来的，它在同一时期接受了许多种成熟的建筑风格，相互之间又有融合和影响。它具有注重建筑细节，有古典情怀，外观简洁大方，融合多种风情于一体的特点。

欧式风格和美式风格在中国都已多样化呈现，造型也更加生动、简约、大气、轻松。

第二部分

设计图集

第四章　小型泵站四种风格艺术设计图集

4.1　古典风格

4.1.1　古典风格方案 1

飞檐增添了建筑物向上的动感，仿佛有一种气将屋檐向上托举，建筑群中层层叠叠的飞檐更是营造出壮观的气势和中国古建筑特有的飞动轻快的韵味。

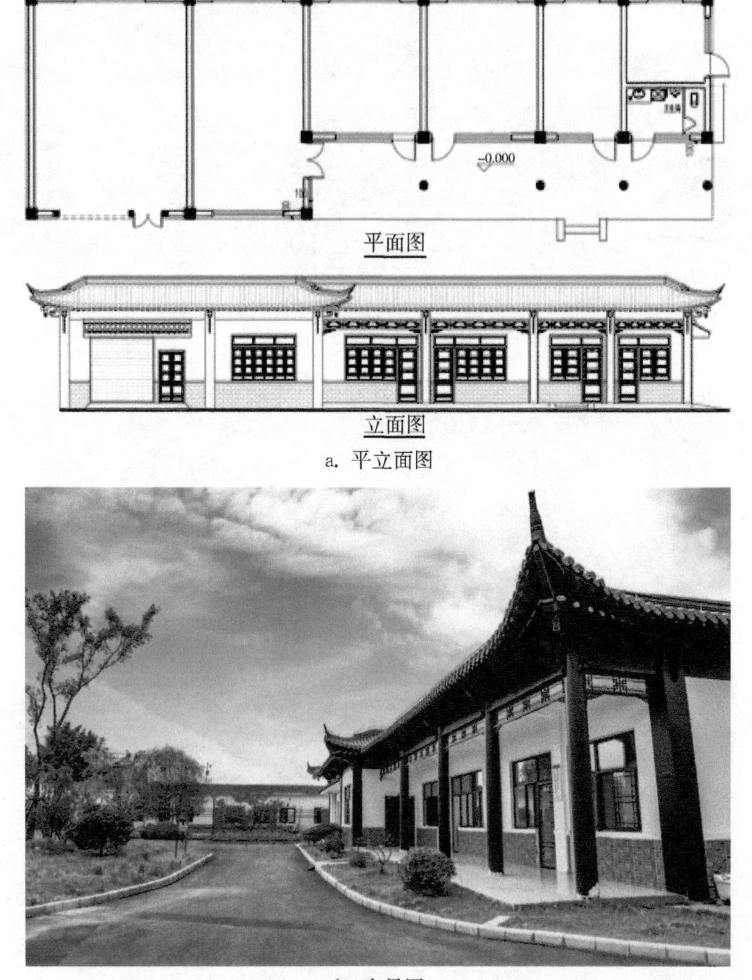

a. 平立面图

b. 实景图

4.1.2 古典风格方案 2

建筑下层采用浅棕色的石材，使下层显得厚重；上层采用白色涂料，减弱建筑的体量感，与下层形成强烈对比；飞挑的檐角使得整个建筑更显轻盈。

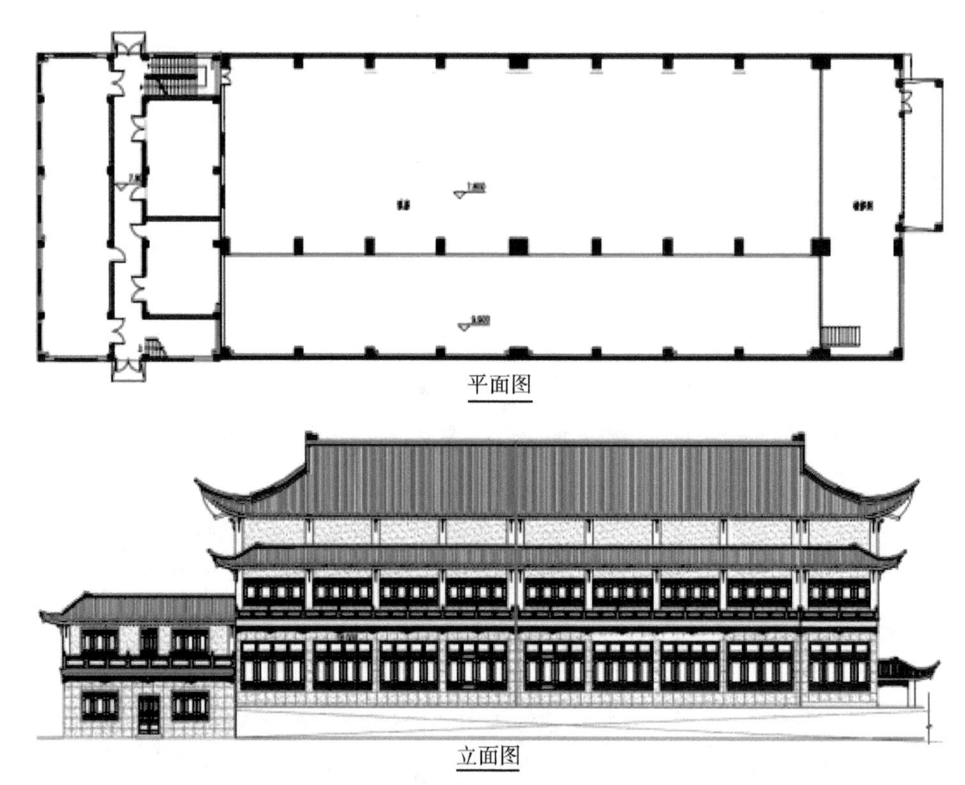

a. 平立面图

b. 效果图

4.1.3　古典风格方案 3

利用园林建筑的特色，与环境景观相融合，使两者形成一体。

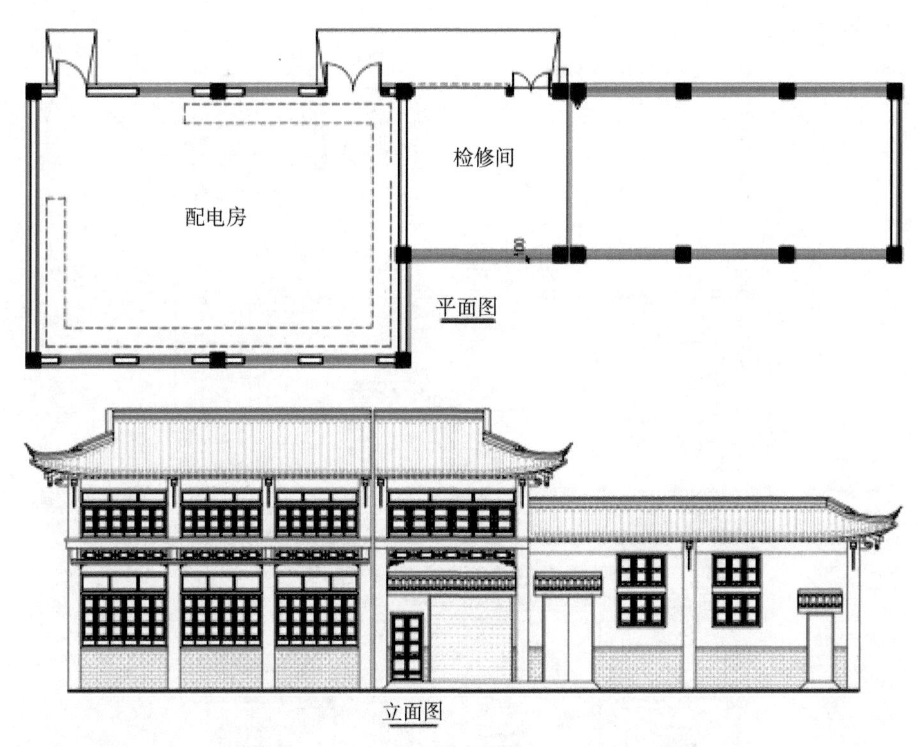

a. 平立面图

b. 效果图

4.1.4 古典风格方案 4

借鉴园林建筑中的水榭建造手法，将建筑和倒影相结合，既有江南水榭古典建筑的美感，又能完成建筑本身的功能需求。

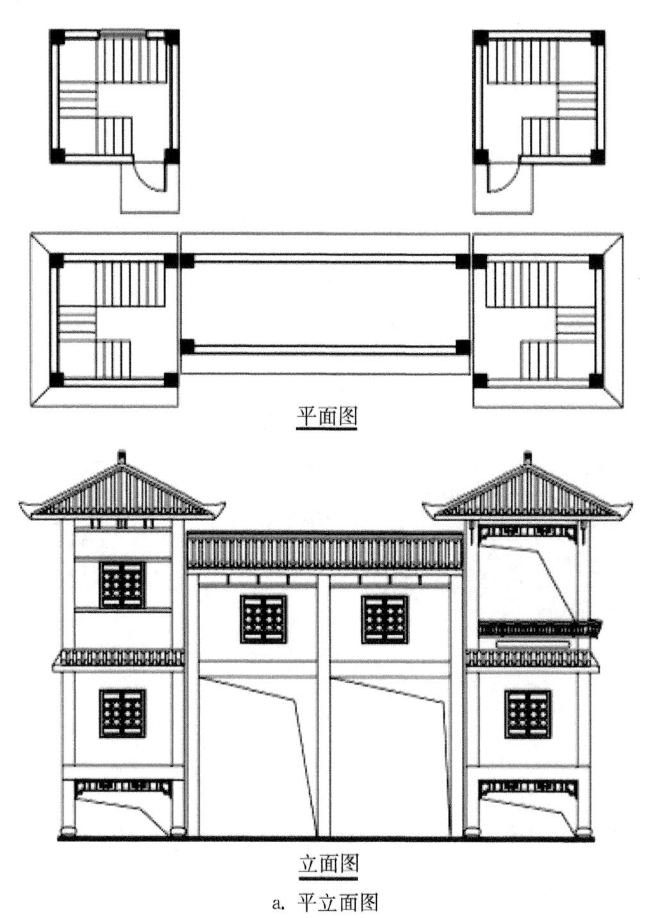

a. 平立面图

b. 效果图

4.1.5　古典风格方案 5

位于休闲景区，采用园林式古典建筑，与整体环境形成一体。园中有林，林中有园。

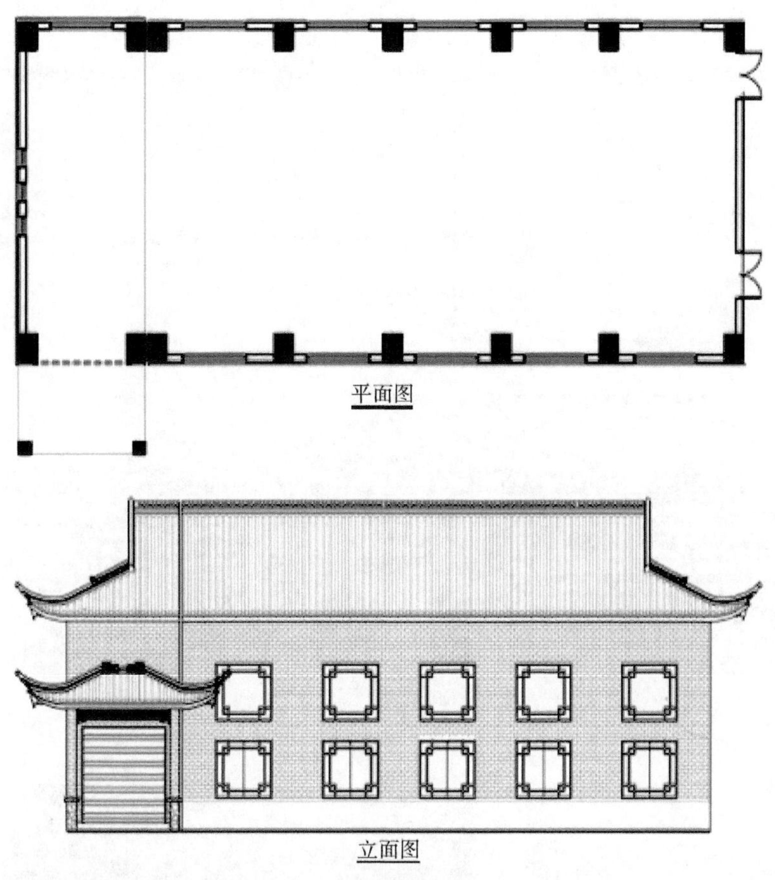

a. 平立面图

b. 效果图

4.1.6　古典风格方案 6

洁白的墙壁、青灰瓦顶掩映在青山绿水之间，显得清新秀丽。

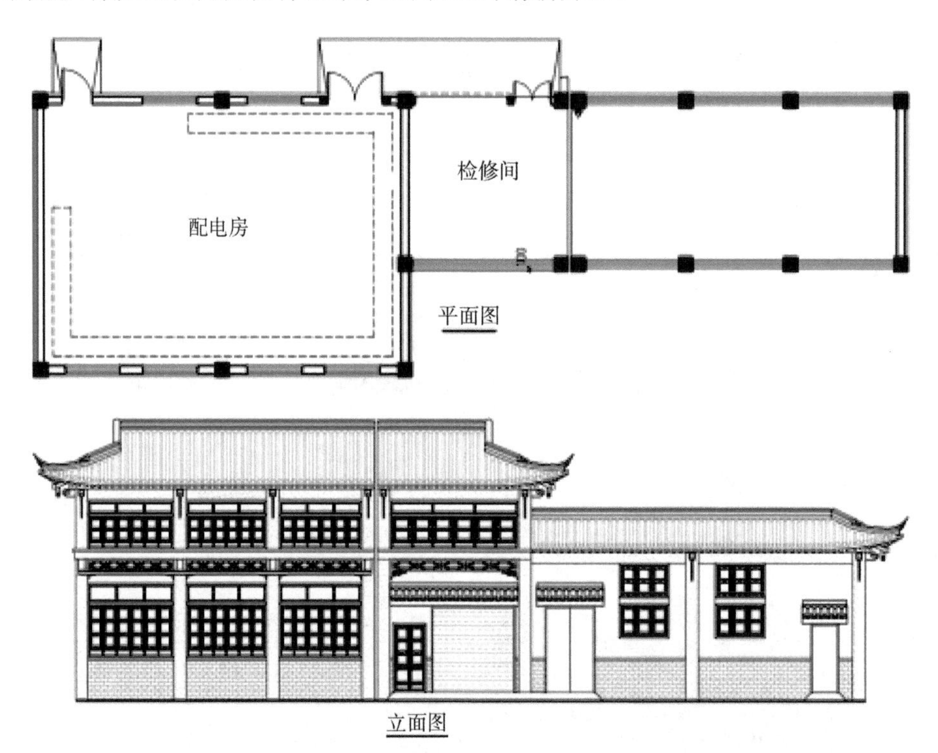

a. 平立面图

b. 效果图

4.1.7　古典风格方案 7

建筑参照楚汉建筑风格，建筑形式以“桥”为意向，寓意连接南面的“山”与北面的“水”。

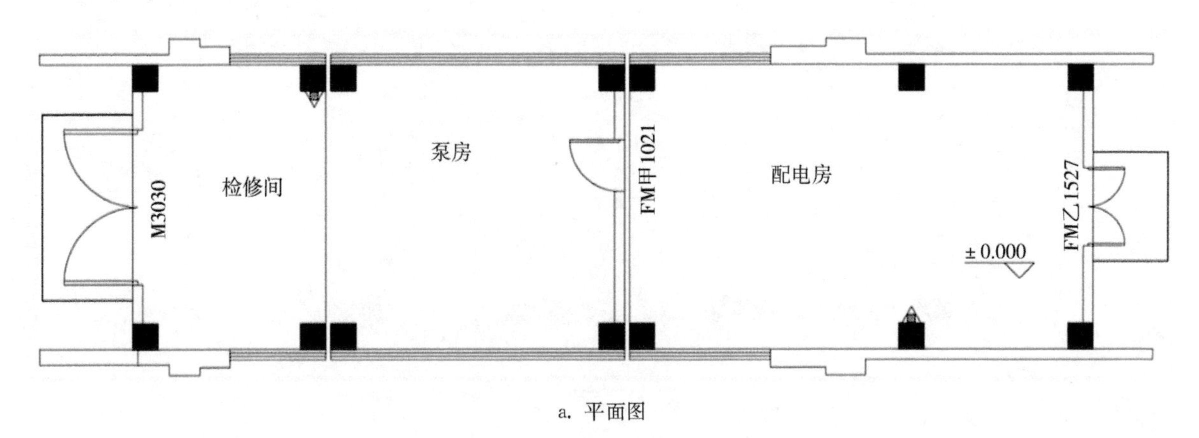

a. 平面图

b. 效果图

4.1.8 古典风格方案8

青灰的砖瓦、大面积的花窗、飞翘的屋角，具有古典建筑的风格。

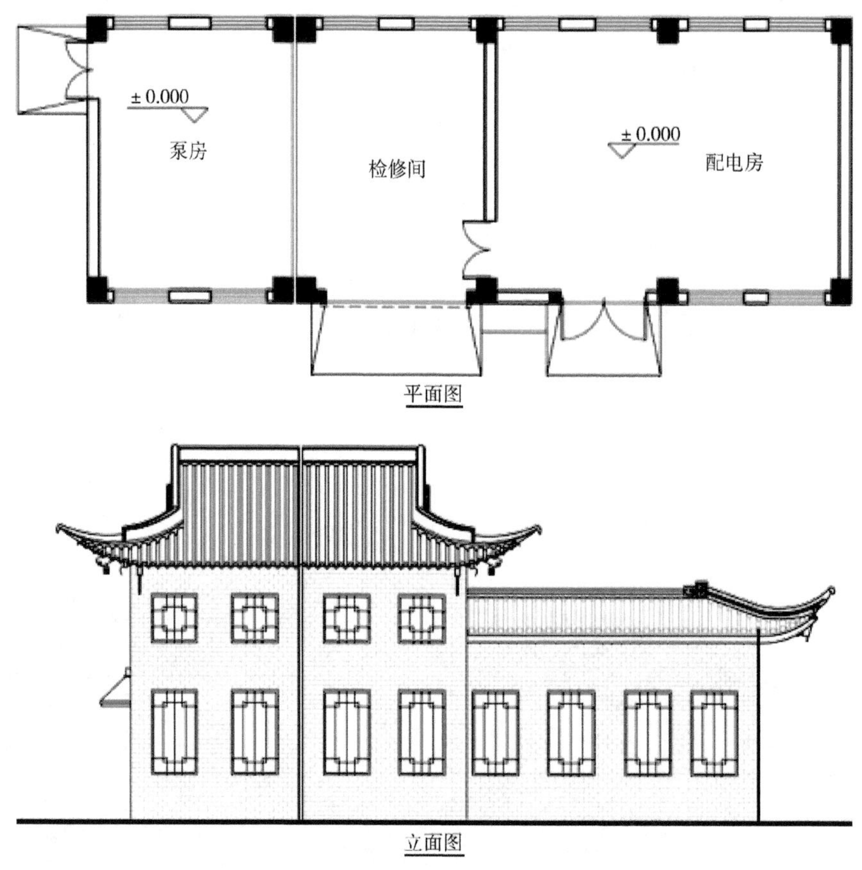

a. 平立面图

b. 效果图

4.2　新中式风格

4.2.1　新中式风格方案 1

采用粉墙、黛瓦、马头墙为设计元素，同时将管理区的建筑作为一个建筑群体进行整体的设计，建筑整体形体以“虚实”相结合，大面积的白墙为“实”，少量玻璃窗为“虚”，依水而建的青瓦白墙配上碧水，恰似一幅“浓妆淡抹总相宜”的中国水墨画。

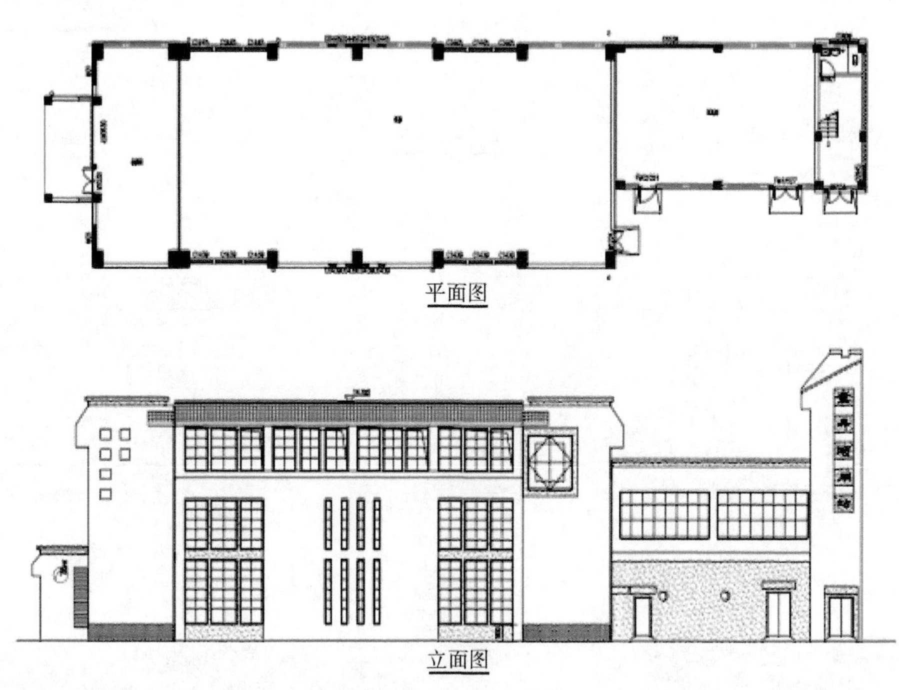

a. 平立面图

b. 效果图

4.2.2 新中式风格方案2

采用简单的江南建筑的元素：白墙，黛瓦，小巧的坡檐。

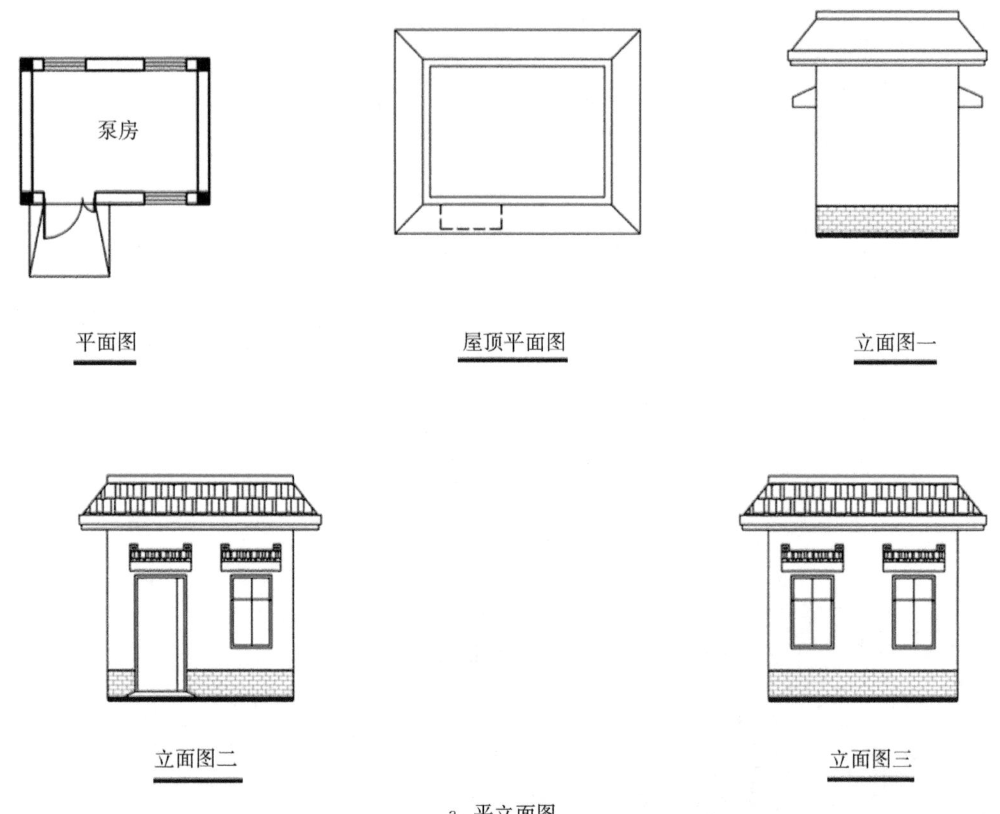

a. 平立面图

b. 效果图

4.2.3　新中式风格方案 3

采用中式复式双坡顶造型，檐口微挑，不仅增添趣味，而且不失功能性；通过在连廊外部立面增加竖向格栅，既丰富了立面造型，也化解了纵向上的体积感。

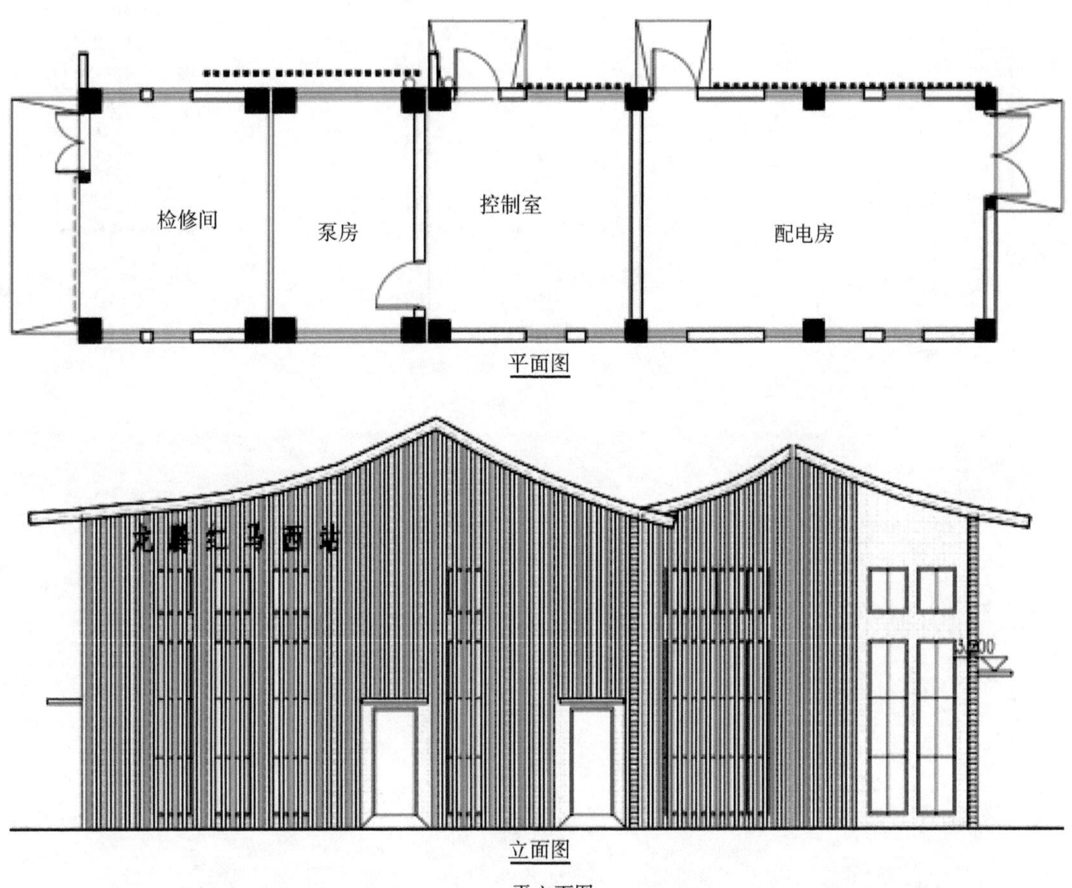

a. 平立面图

b. 效果图

4.2.4 新中式风格方案4

圆窗和墙面圆弧的造型，增强了江南园林建筑的特点。

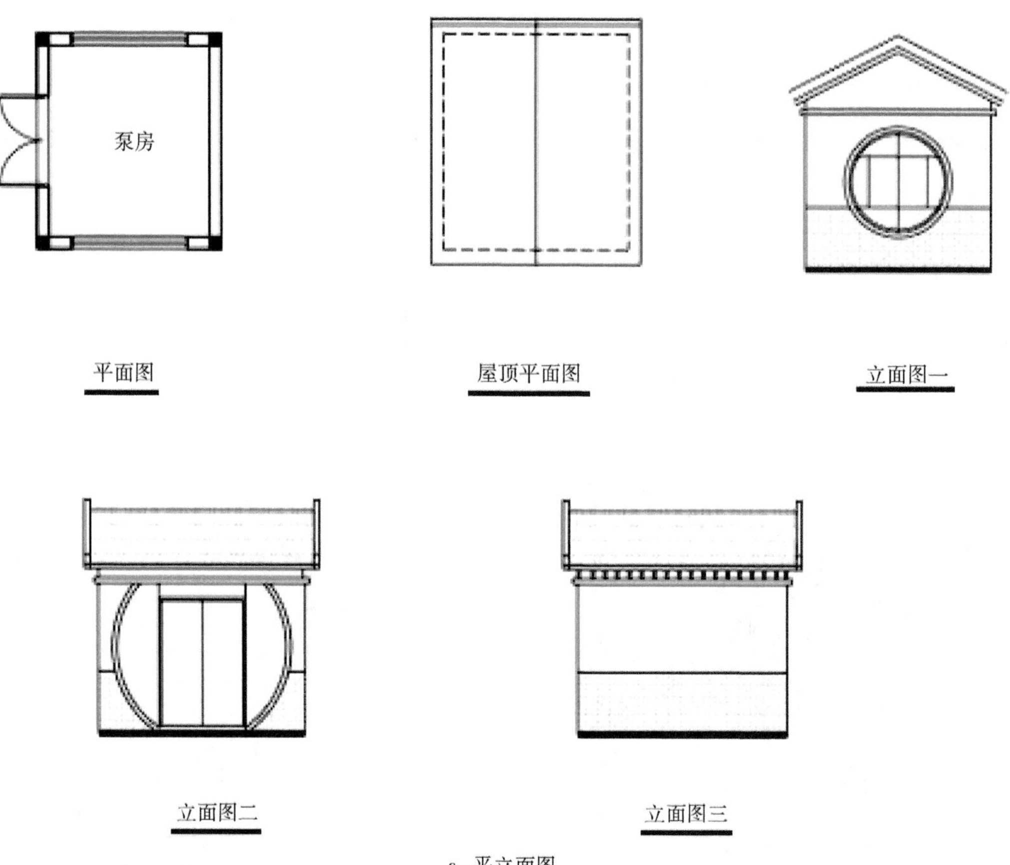

a. 平立面图

b. 效果图

4.2.5　新中式风格方案5

将横竖向的梁柱凸出，颜色上采用棕红色，与墙体的白色形成强烈的对比，使建筑显现出古朴粗犷的汉式风韵。

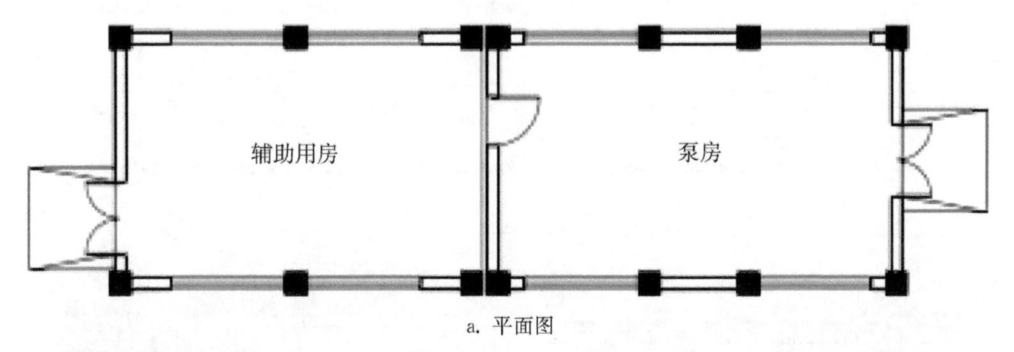

a. 平面图

b. 效果图

4.2.6 新中式风格方案 6

白色外墙和灰色线条相结合，简朴大方。

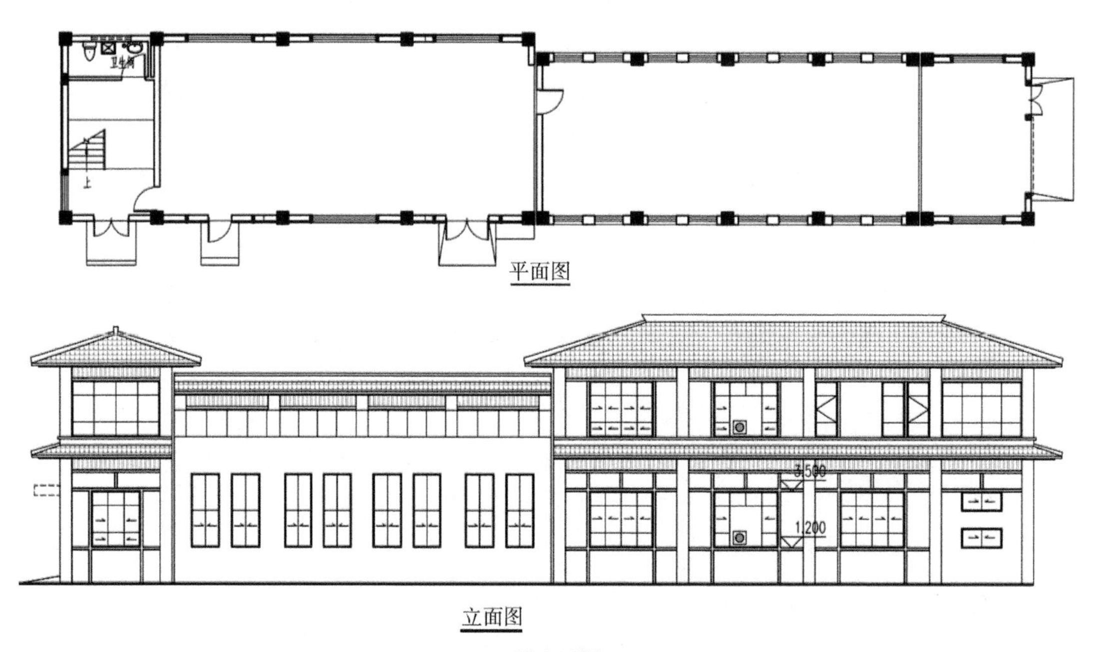

a. 平立面图

b. 效果图

4.2.7　新中式风格方案 7

在建筑色彩上以白色为主色调，以灰色调为辅，体现出徽派建筑的特点，大体量的建筑外形又具有现代建筑特色。

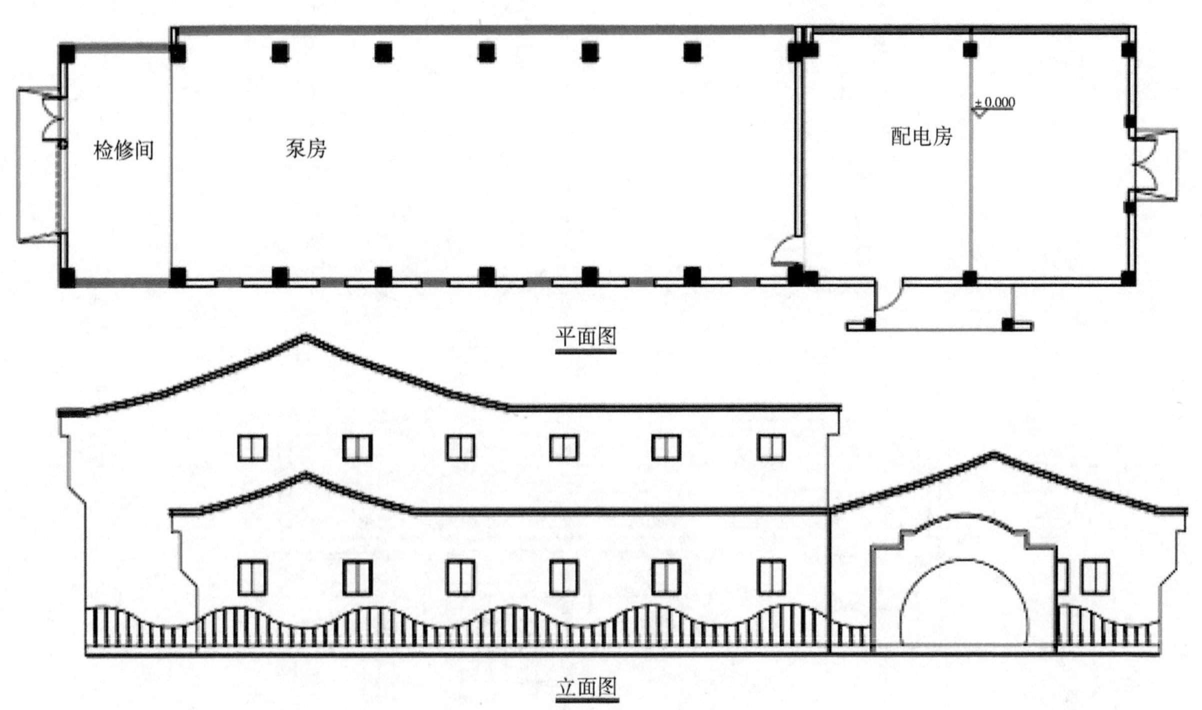

a. 平立面图

b. 效果图

4.2.8 新中式风格方案8

在建筑色彩上以白色为主色调，以灰色调为辅；外形上采用典型的徽派建筑元素“马头墙”。

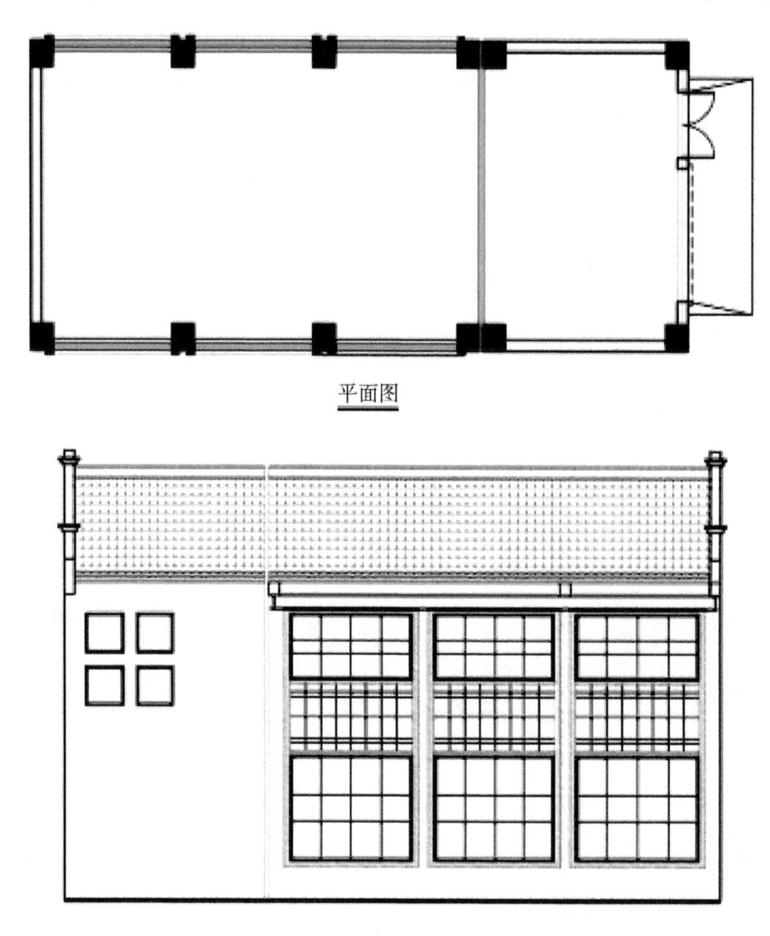

平面图

立面图

a. 平立面图

b. 效果图

4.2.9　新中式风格方案 9

将江南水乡的青砖、粉墙、黛瓦与山明水秀的自然环境相融合。

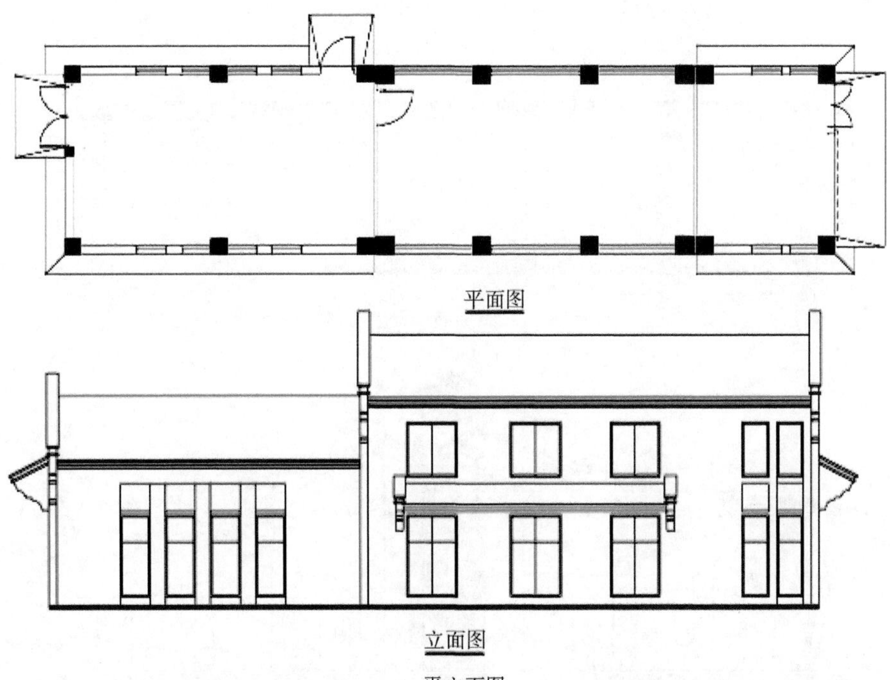

a. 平立面图

b. 效果图

4.2.10 新中式风格方案 10

色彩上采用白墙、灰砖、黛瓦，建筑形体上采用中国传统的对称手法，同时又使用现代的通透的设计手段，使建筑呈现出古今结合的表现形式。

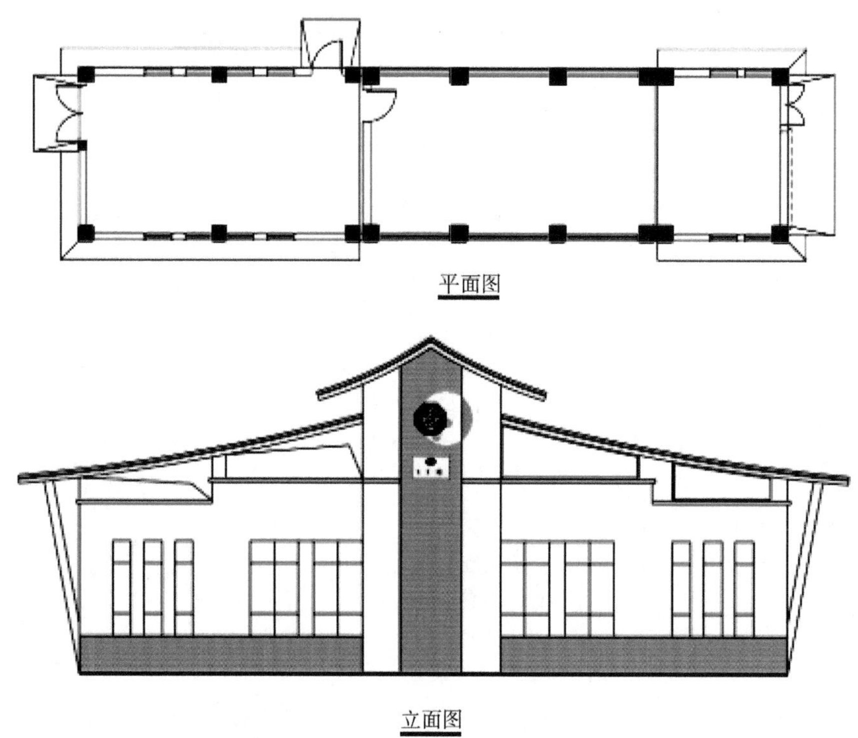

a. 平立面图

b. 效果图

4.2.11　新中式风格方案 11

采用木纹花格窗和明快的大面积窗，将古代建筑特点和现代建筑特点相结合。

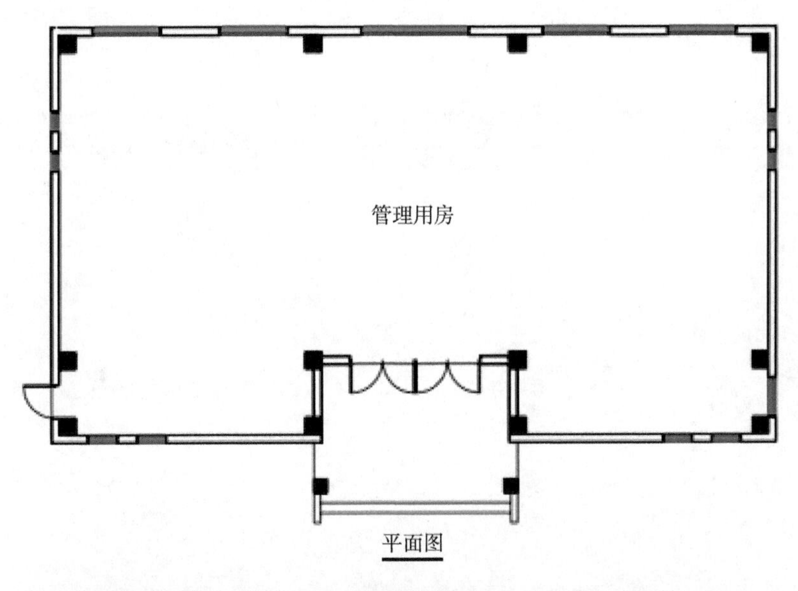

平面图

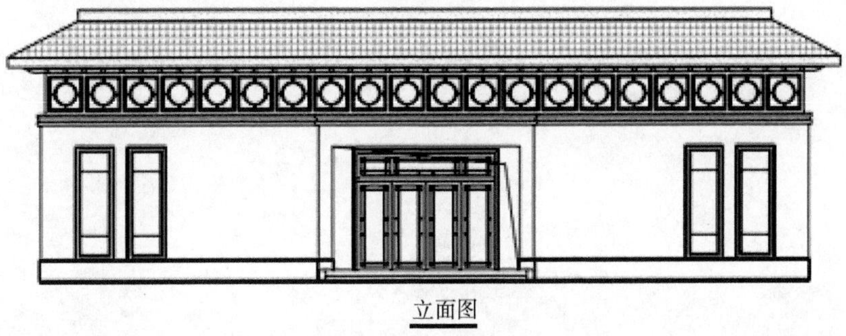

立面图

a. 平立面图

b. 效果图

4.2.12 新中式风格方案12

以象征水波的弧形屋顶为重点，整个建筑遵循周边环境的样式以及环境与水面的关系。低缓飘逸的外形，简洁大气的立面以及流畅的屋面，使得整个建筑轻盈地漂浮在水面之上，实现建筑与自然的对话。

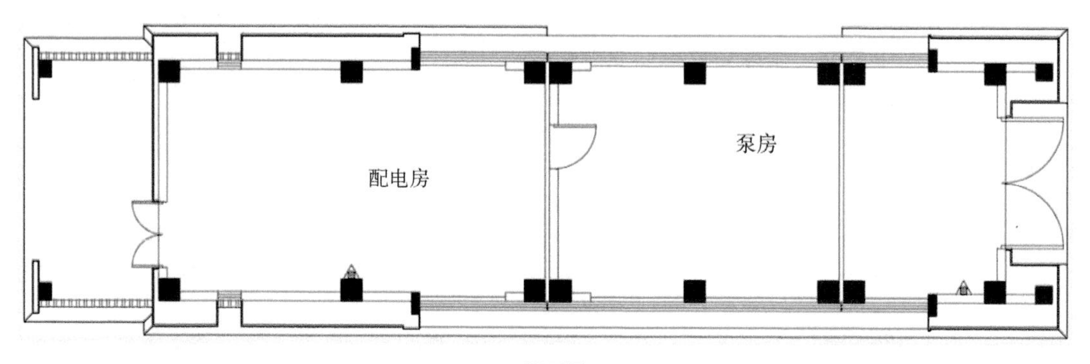

a. 平面图

b. 效果图

4.2.13　新中式风格方案 13

深色的窗套，同时也略带中式的式样，凸显新中式的特色。

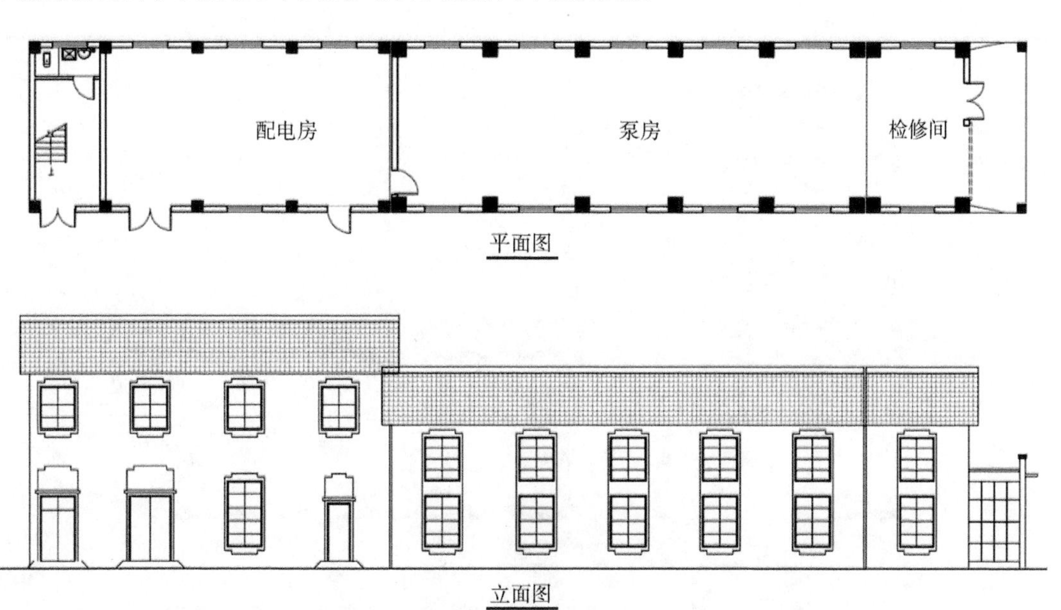

a. 平立面图

b. 效果图

4.2.14 新中式风格方案 14

宽大的挑檐、双重的屋顶充分表现出大唐建筑风格的大气，现代建筑材料与实木碳化装饰相结合的外墙，是古典与现代的融合。

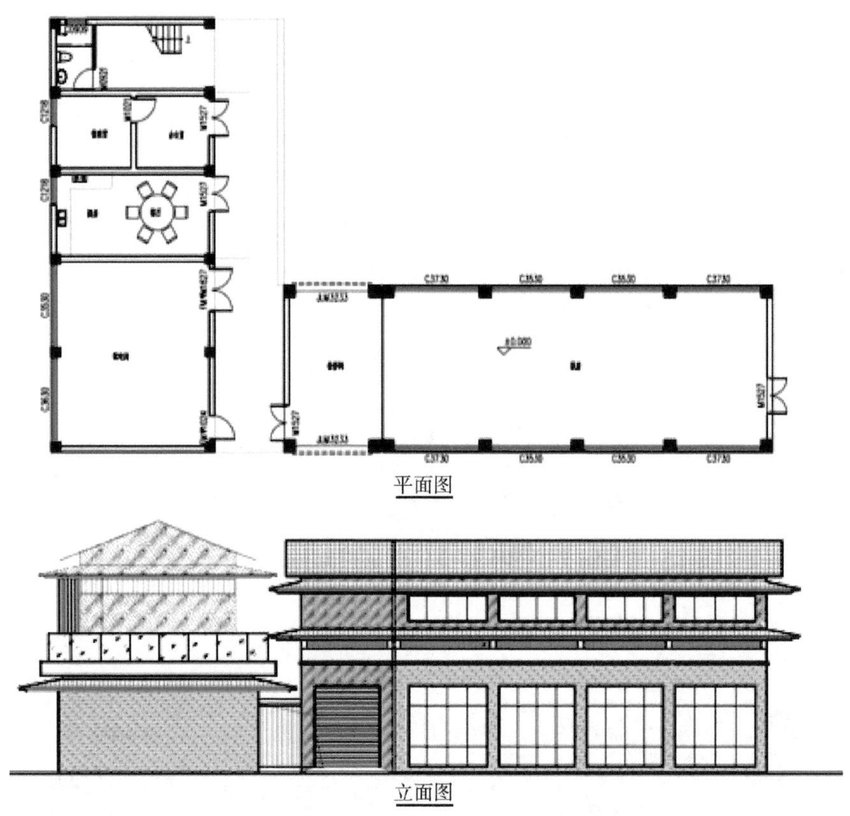

平面图

立面图

a. 平立面图

b. 效果图

4.3　现代风格

4.3.1　现代风格方案 1

方案从建筑的体块和红色线条入手，加以有序贯穿红色“飘带”设计，整个建筑的红色线条的变化，提高了建筑的整体流线完整性。门厅造型设计以“红色”理念作为红色流芳的开始，另外红色飘带延伸至建筑另一边，以闸站站名及水利标记的符号的独特设计结束，诠释红色流芳的理念。

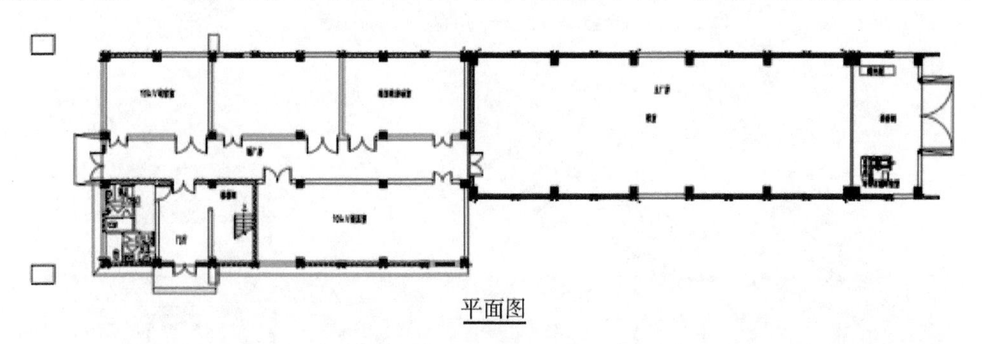

平面图

立面图

a. 平立面图

b. 效果图

4.3.2 现代风格方案 2

M 形的人字屋面，丰富了第五立面。外墙采用木质贴面，具有现代田园风格。

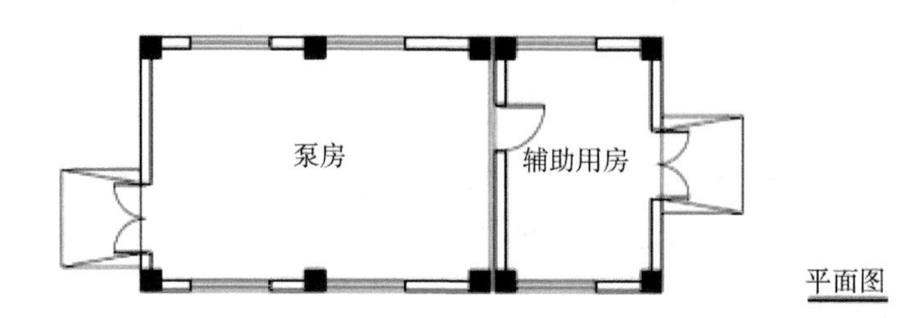

平面图

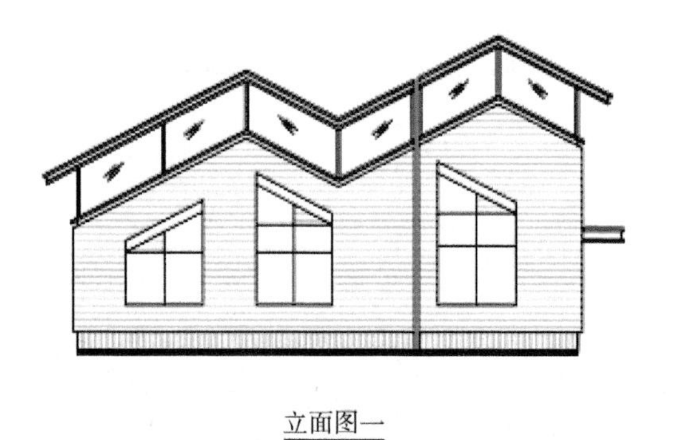

立面图一

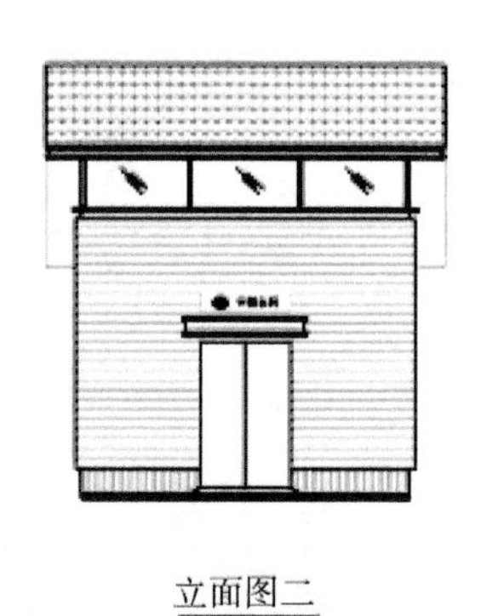

立面图二

a. 平立面图

b. 效果图

4.3.3　现代风格方案 3

波浪形的板式屋面，与墙面的弧形造型形成对比。

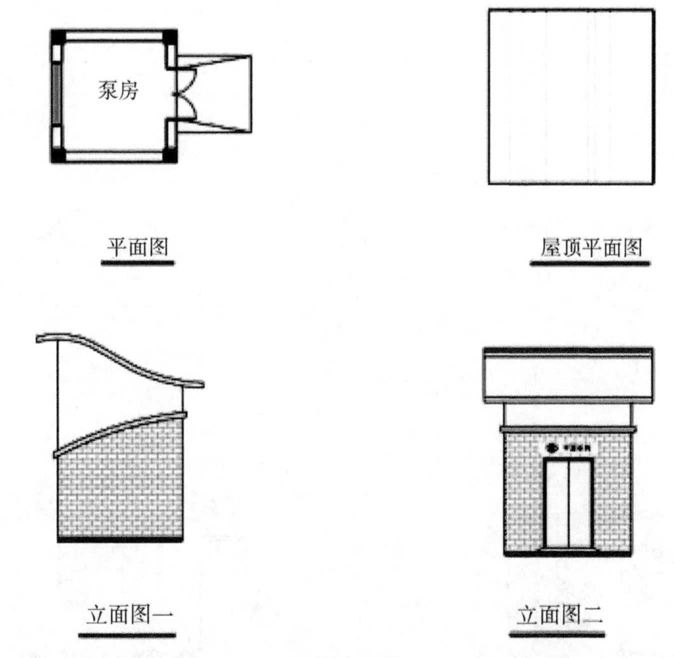

a. 平立面图

b. 效果图

4.3.4 现代风格方案 4

外墙整体采用青灰色的真石漆涂料，使建筑具有厚重感，但考虑建筑的体量，则采用条形窗，也增加通透感。

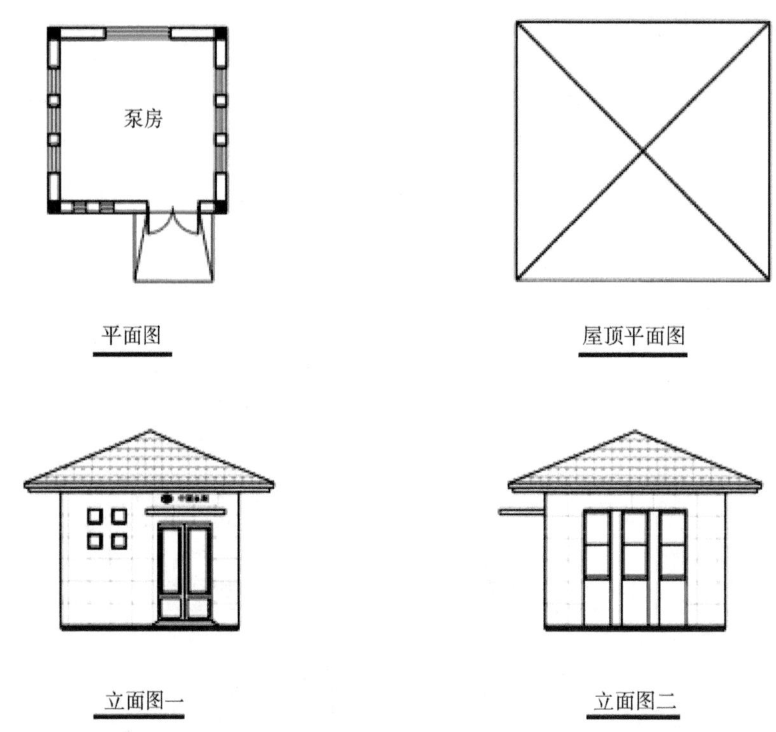

a. 平立面图

b. 效果图

4.3.5　现代风格方案5

屋面采用内弧形，两侧采用异形窗，采用浅青灰色真石漆横向分割。

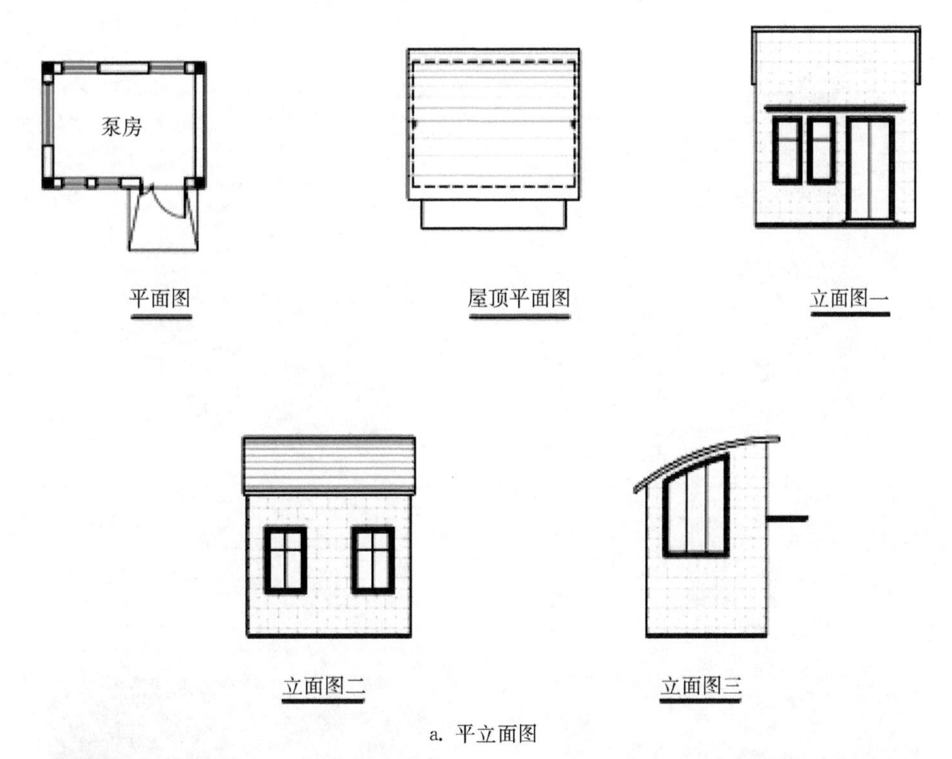

a. 平立面图

b. 效果图

4.3.6 现代风格方案6

建筑以白色为主，同时又在屋檐下增加灰色的涂料，丰富建筑的外立面效果。

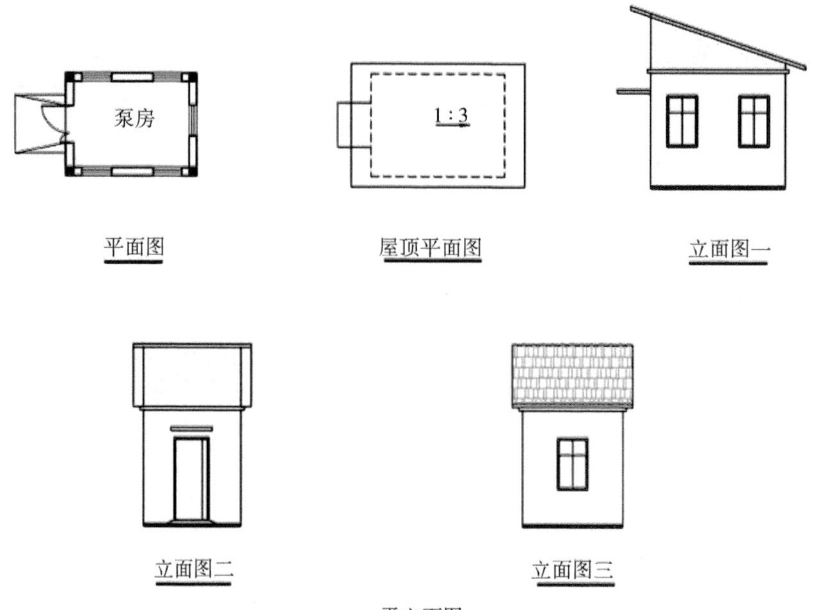

a. 平立面图

b. 效果图

4.3.7　现代风格方案7

独特的出水池与建筑主体相结合，将泵房、管理用房、出水池形成整体的造型。白色真石漆、铝方通、金属瓦的采用，使建筑更具现代特色。

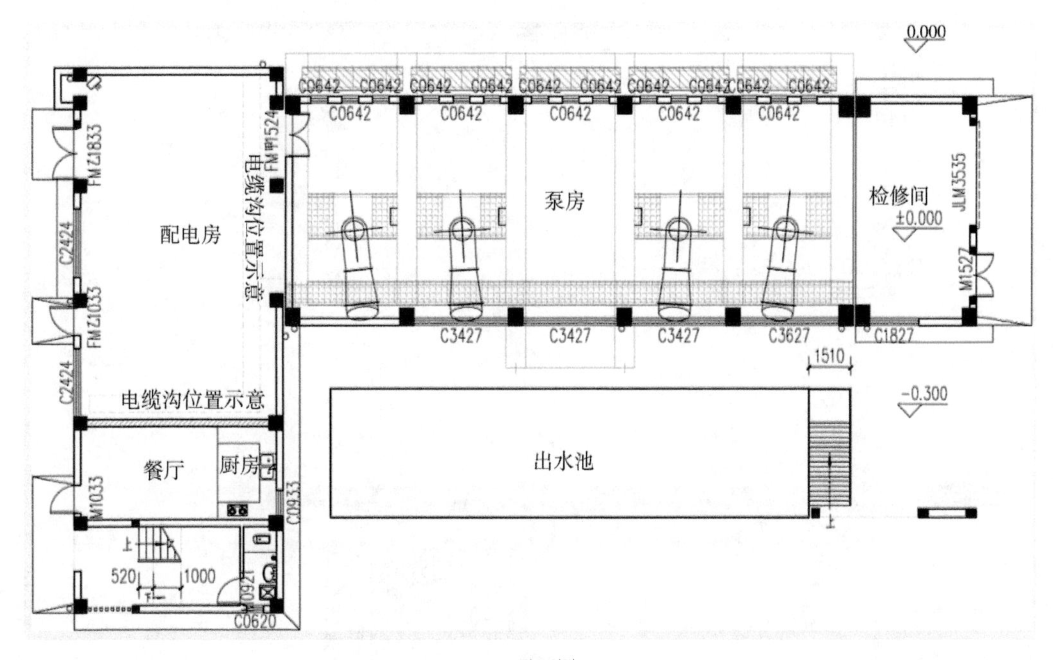

a. 平面图

b. 效果图

4.3.8 现代风格方案 8

大挑檐和平顶屋面形成整体，出入口采用金属钢结构方管，与建筑主体形成“虚实呼应”，相对减轻建筑的凝重感。

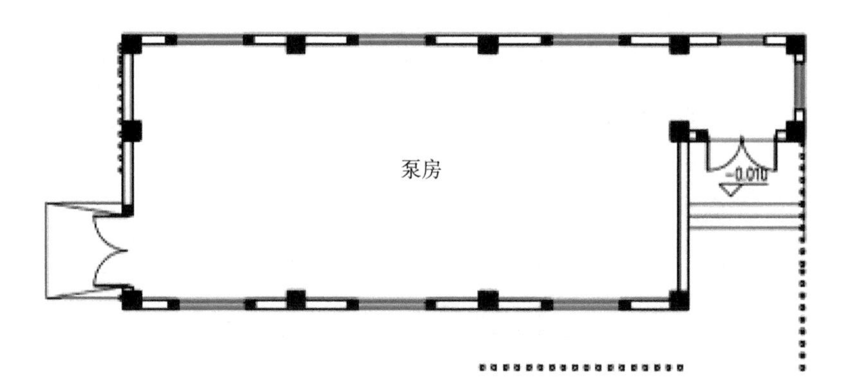

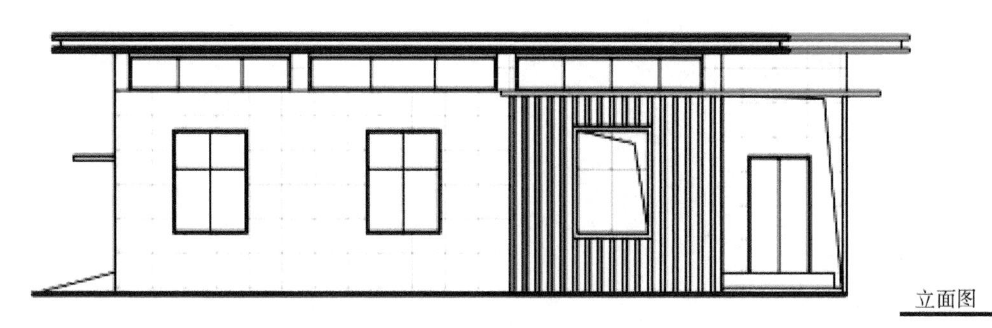

a. 平立面图

b. 效果图

4.3.9　现代风格方案9

红色砖墙和白色涂料形成强烈对比，红色砖墙又增加建筑的厚重感。

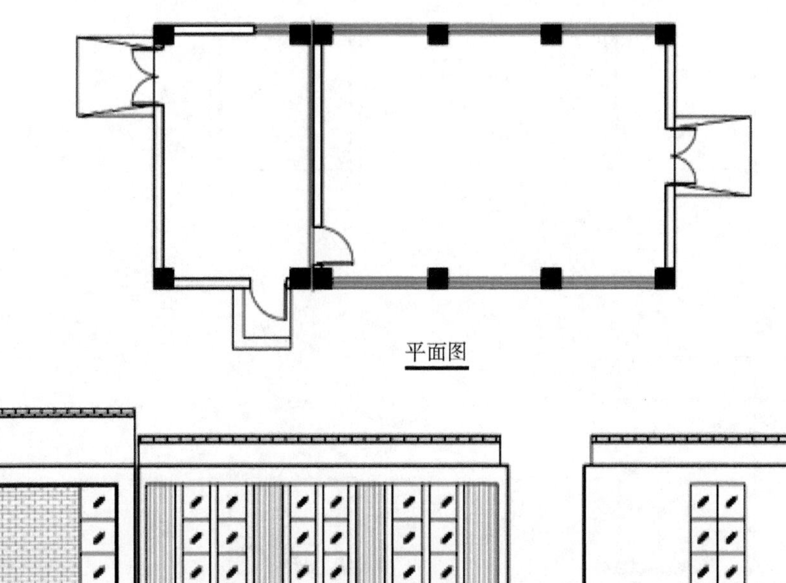

平面图

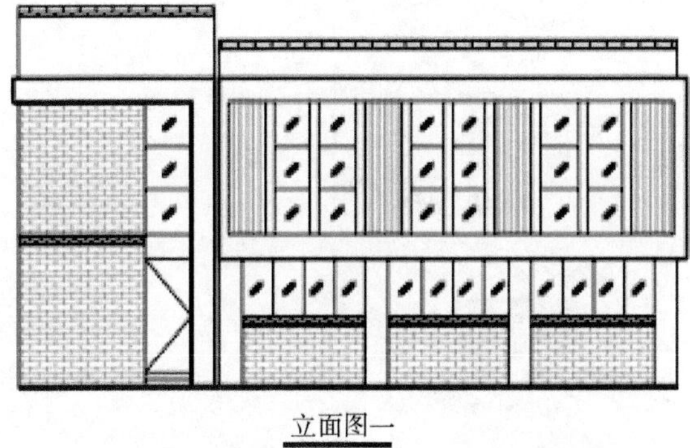

立面图一

立面图二

a. 平立面图

b. 效果图

4.3.10 现代风格方案 10

采用最简单的建筑体型，两道弧形的造型和墙面浪花的图案，使建筑变得灵动轻盈。

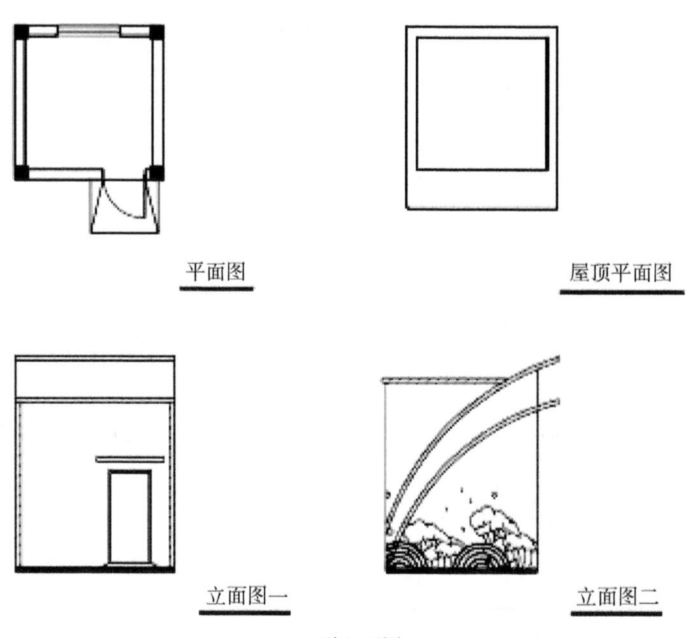

a. 平立面图

b. 效果图

4.3.11　现代风格方案 11

十字交叉的人字屋顶，丰富了简单的建筑体型。

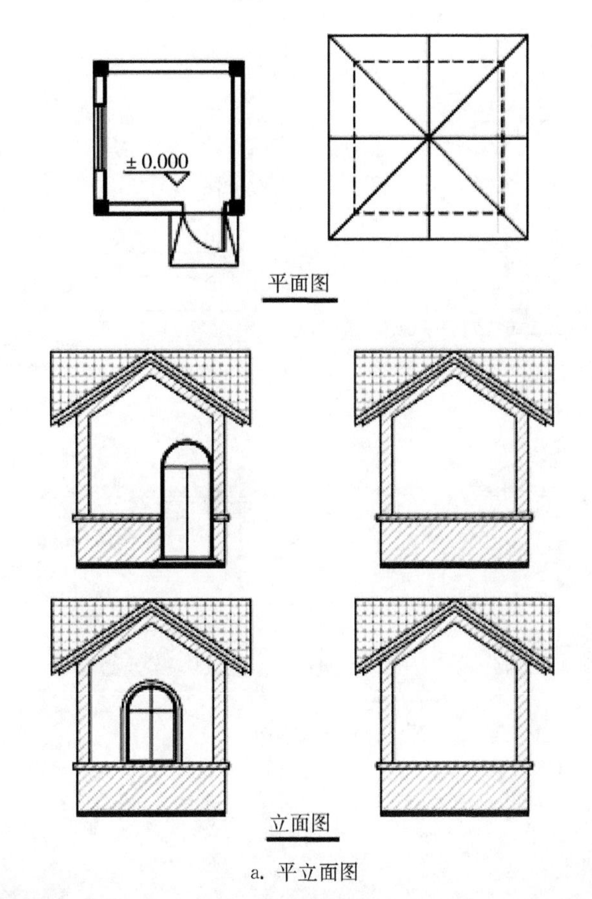

a. 平立面图

b. 效果图

4.3.12 现代风格方案 12

镂空的梁式屋顶造型，在视觉上降低建筑的高度。同时在白色外墙彩绘出波浪图案，丰富了建筑的外形。

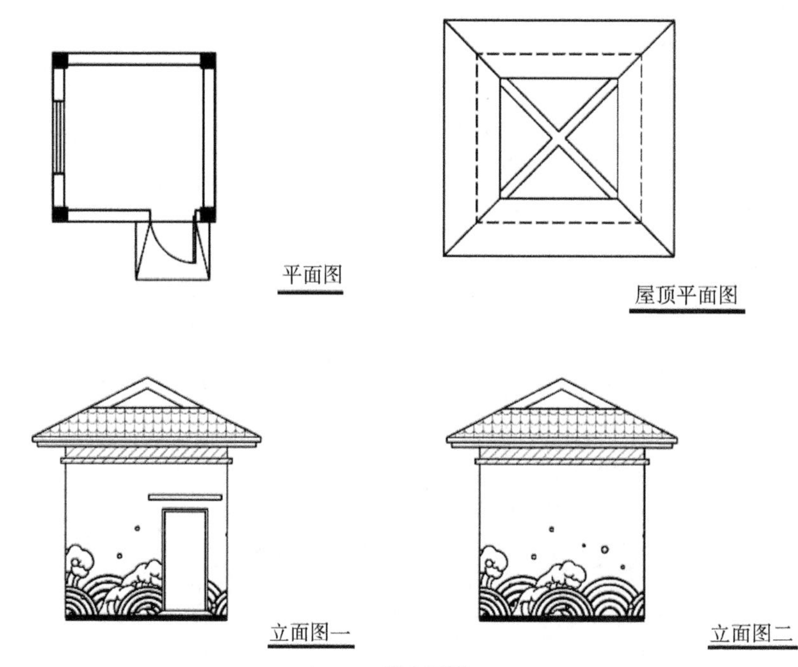

a. 平立面图

b. 效果图

4.3.13　现代风格方案 13

灰、白色的色块简洁明亮，灰色中添加少许的线条，在大面积的色块上增加少许跳跃感。

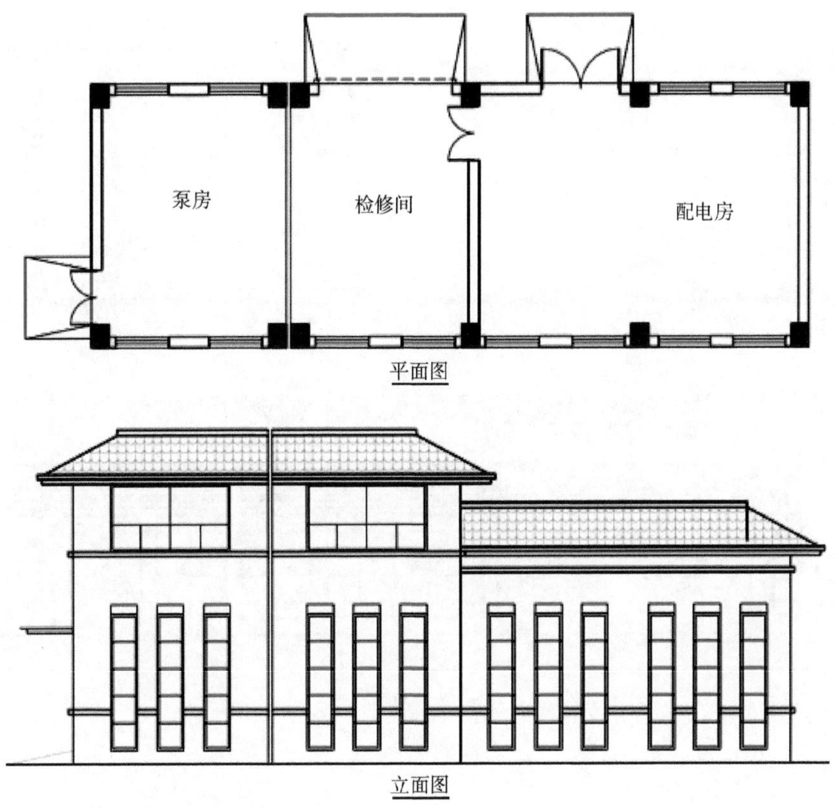

a. 平立面图

b. 效果图

4.3.14 现代风格方案 14

外挑的钢结构造型既体现现代建筑的特点,又丰富建筑造型。

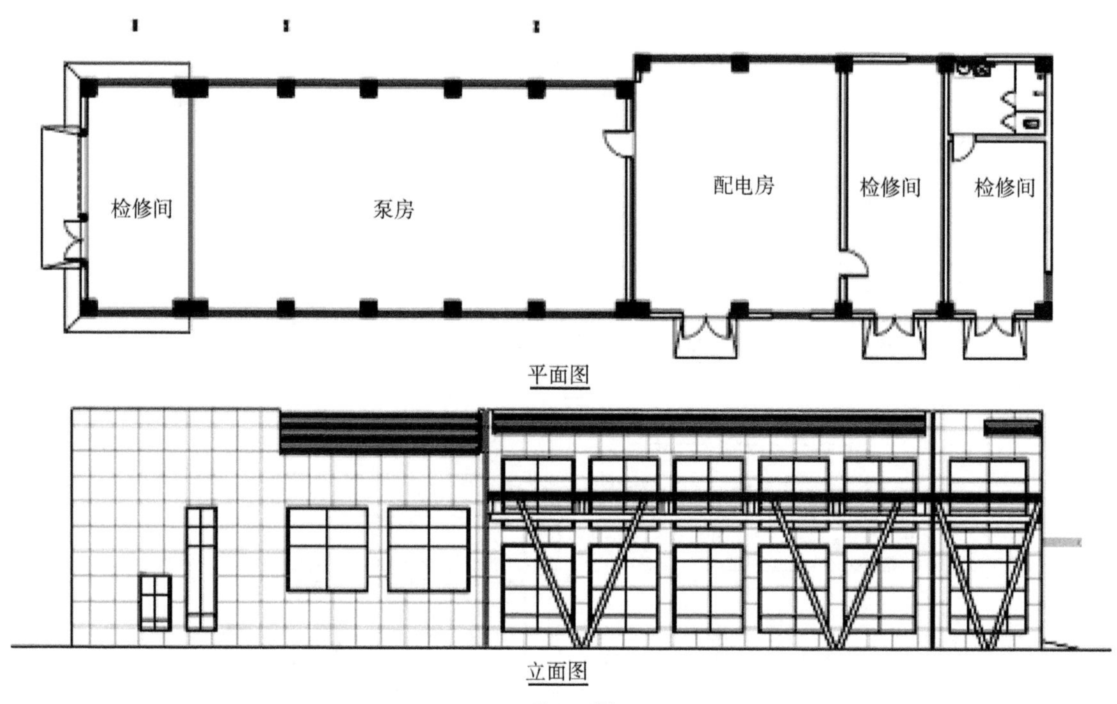

a. 平立面图

b. 效果图

4.3.15　现代风格方案 15

建筑造山取势，远望汲取山之“剪影”，近观形成水之“倒影”，整体建筑呈现山势起伏连绵之韵，为周边环境营造独特的水利人文景观。

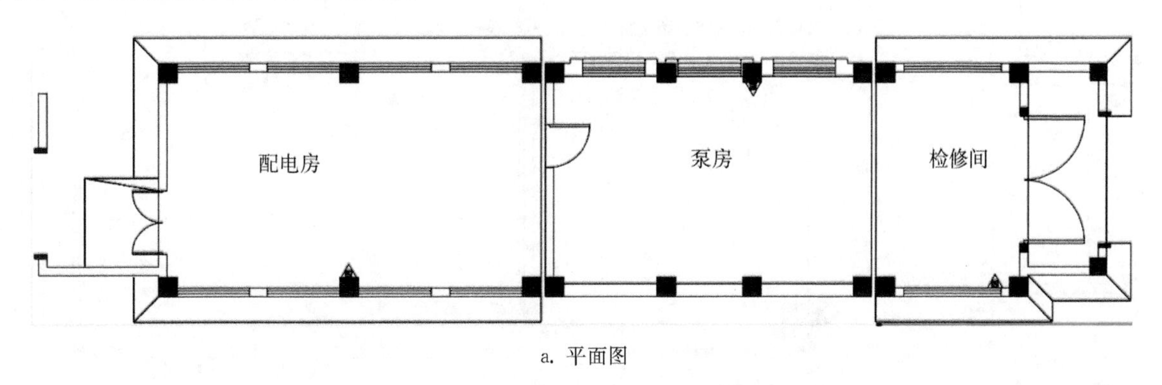

a. 平面图

b. 效果图

4.3.16 现代风格方案 16

山的剪影与水中的倒影相映成趣。

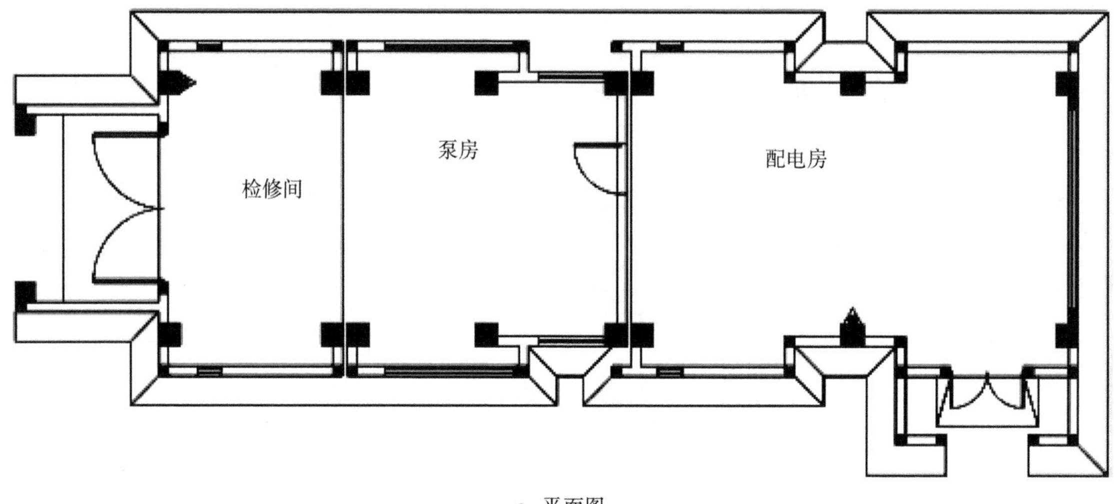

a. 平面图

b. 效果图

4.3.17　现代风格方案 17

以具有土地记忆的红砖作为设计元素，借具有水文化隐喻的高低起伏为形态，延续“山之川”文脉。立面上红砖形成的不同的肌理和凹凸，使整个建筑物更具有立体感和厚重感。

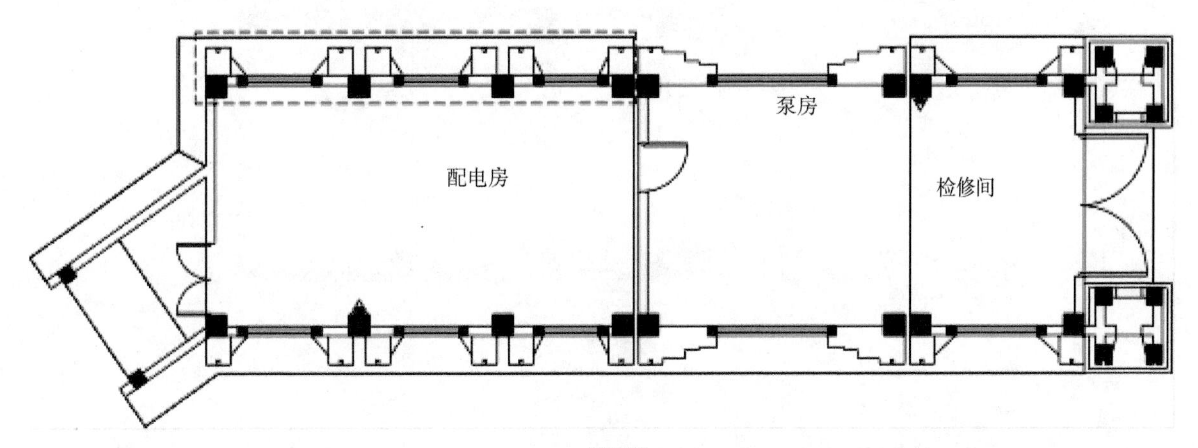

a. 平面图

b. 效果图

4.3.18 现代风格方案 18

整体造型以水为意向，从高到低的流线如行云流水般，隐喻入湖的概念。

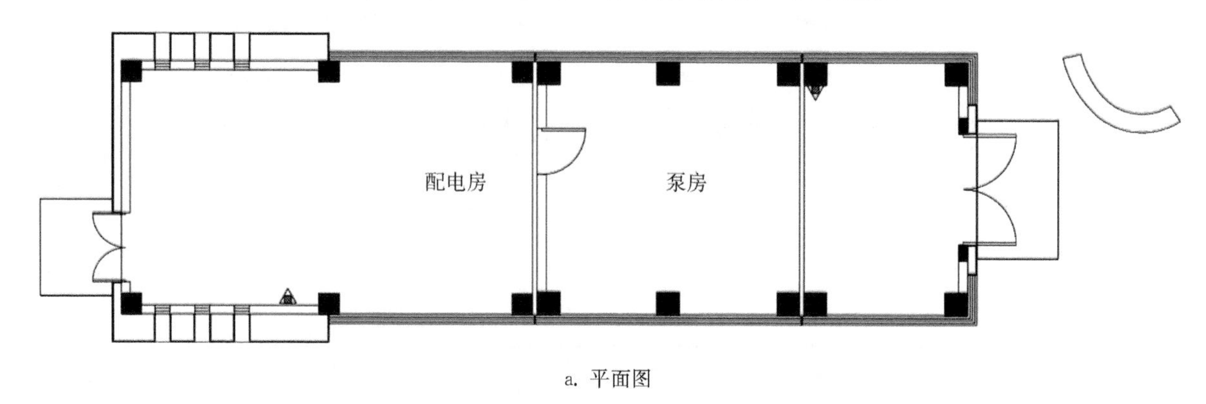

a. 平面图

b. 效果图

4.3.19　现代风格方案 19

凹凸进退的立面关系，高低不一的屋面效果，使建筑表现出更丰富的立体感。

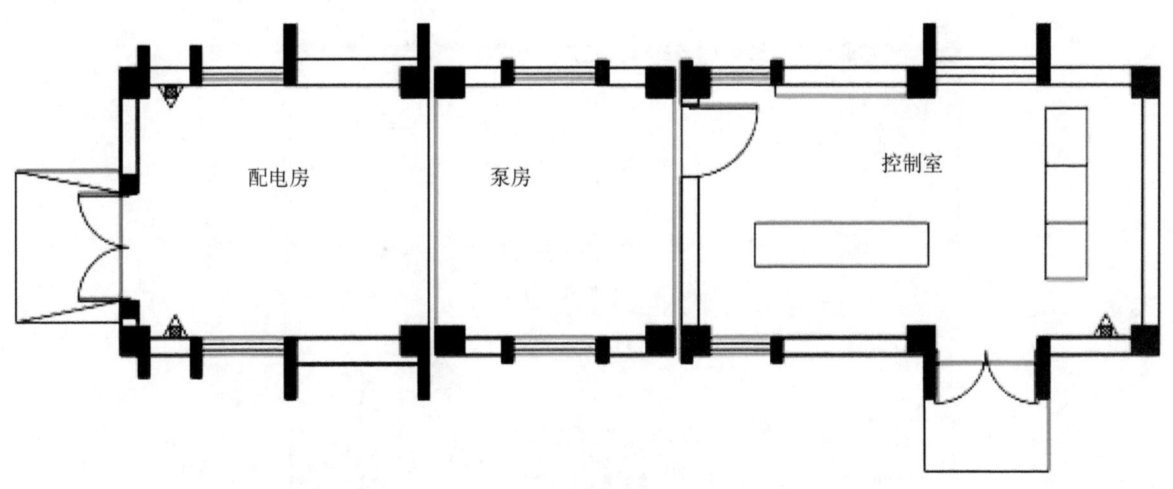

a. 平面图

b. 效果图

4.3.20 现代风格方案 20

深棕色和月牙白色形成强烈对比，格栅和真石漆材料又是现代建筑表现手法之一。

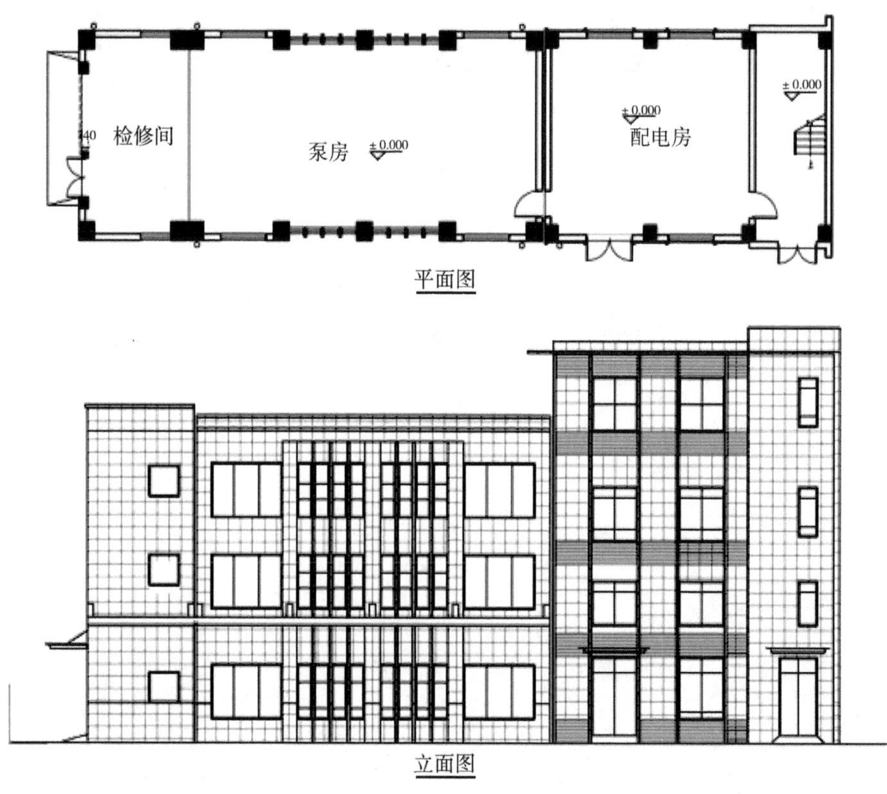

a. 平立面图

b. 效果图

4.3.21　现代风格方案21

相互穿插的建筑体态，减弱了方盒体型。

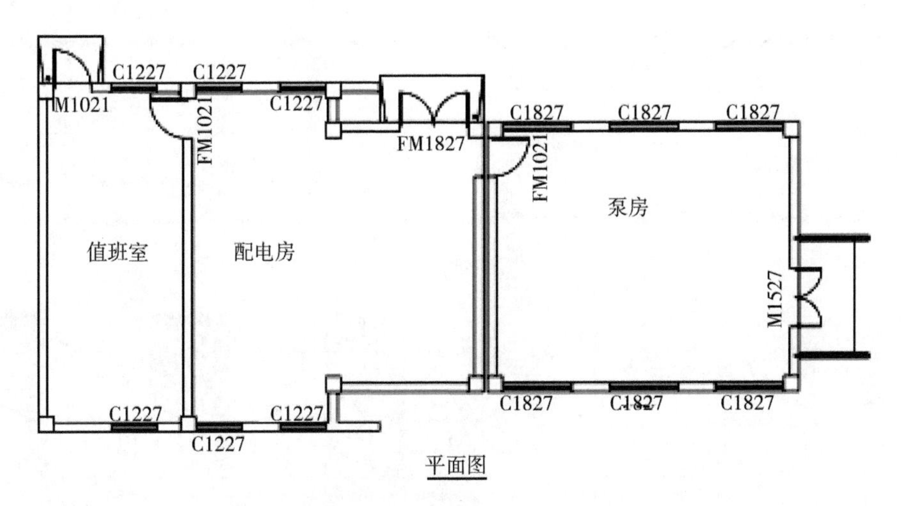

平面图

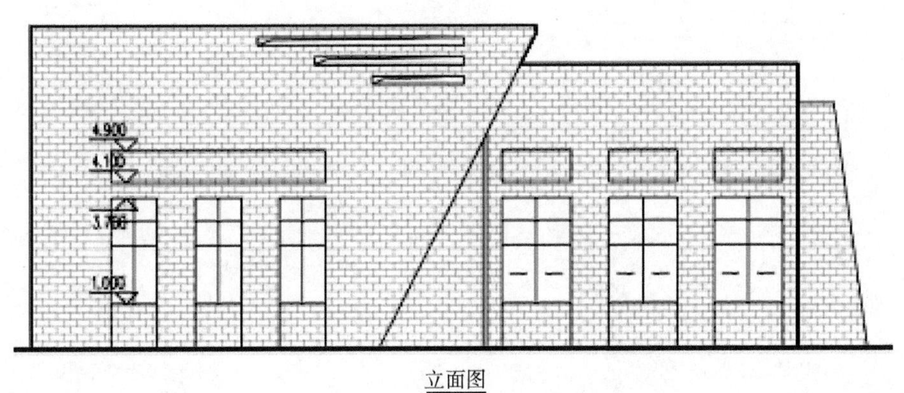

立面图

a. 平立面图

b. 效果图

4.3.22 现代风格方案 22

青灰的砖面和白墙使凹凸效果更加强烈，凹凸的墙面造型又使外墙更加丰富。

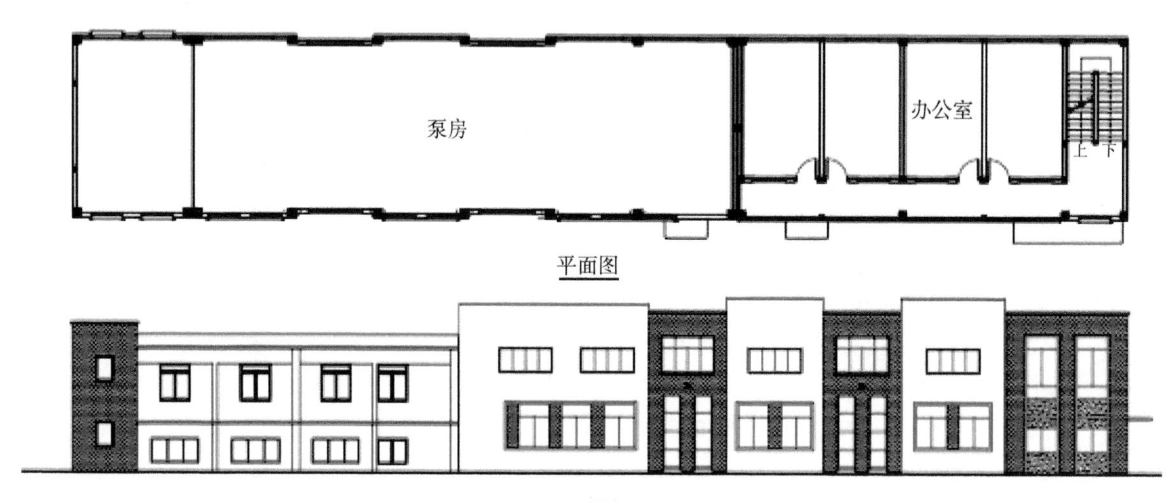

立面图

a. 平立面图

b. 效果图

4.3.23　现代风格方案 23

选用圆形的窗户造型，外设的圆柱使建筑好似一个凉亭。

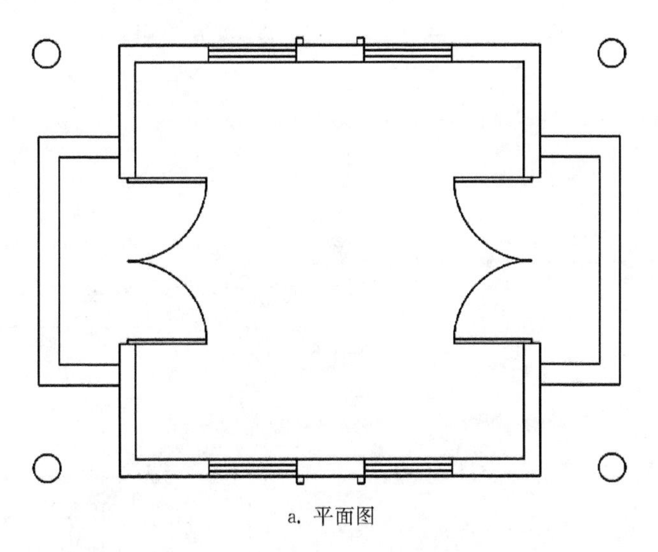

a. 平面图

b. 效果图

4.3.24 现代风格方案 24

外立面的退进关系丰富了立面凹凸有致的立体形态。建筑主体采用坡屋面和平屋面错位结合，加强第五立面效果；主立面采用大面积玻璃窗，既满足泵房的采光和通风的要求，又充满现代感。

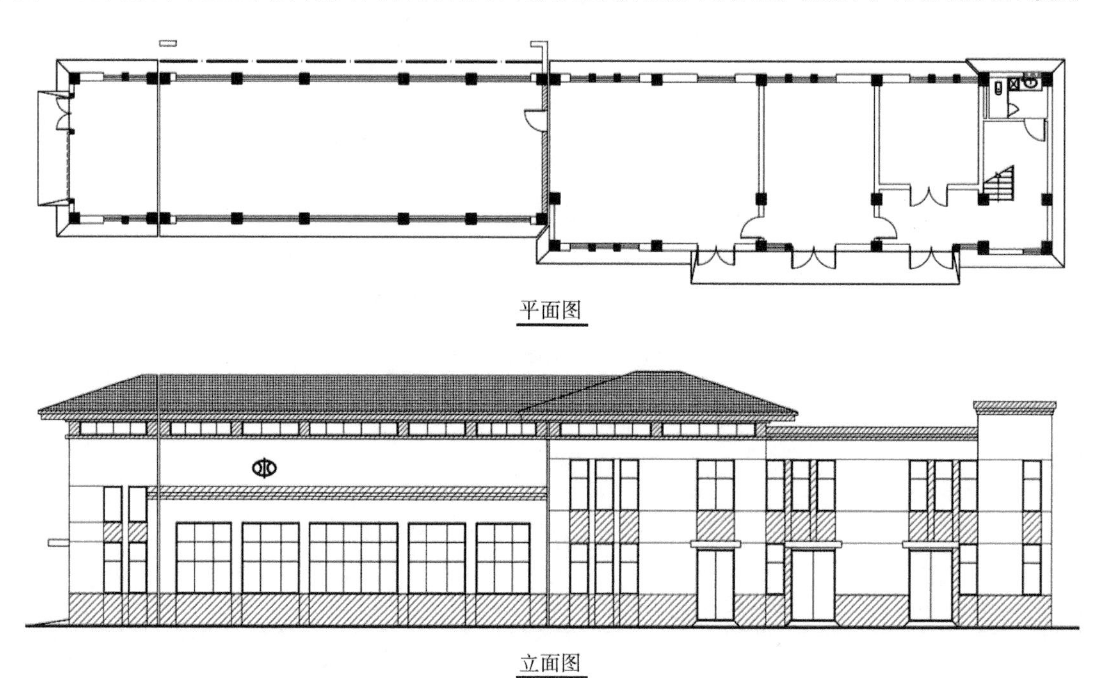

a. 平立面图

b. 效果图

4.3.25　现代风格方案 25

花色的砖墙丰富了建筑的色彩，使白色墙面不显得单调。

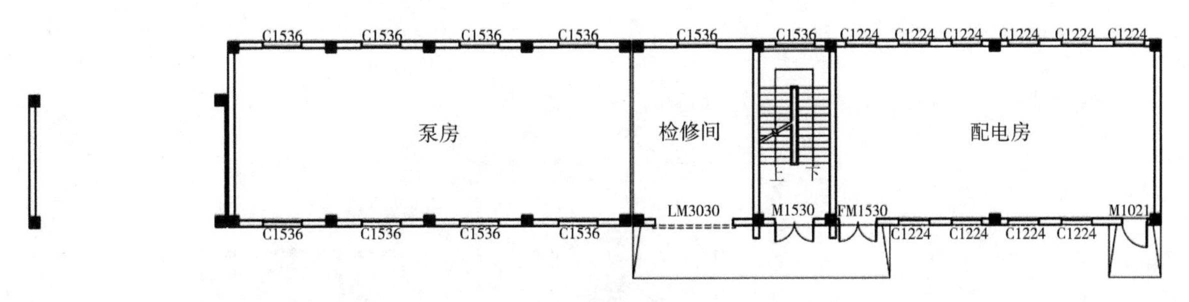

平面图

立面图

a. 平立面图

b. 效果图

4.4 西式风格

4.4.1 西式风格方案 1

采用欧式风格中的弧形窗造型和多线条的建筑檐口。

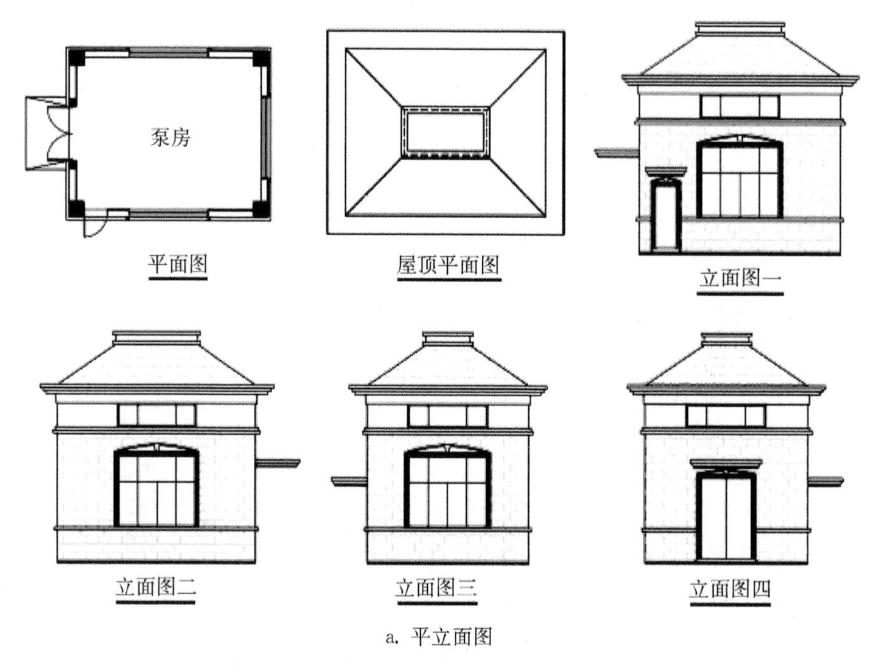

a. 平立面图

b. 效果图

4.4.2　西式风格方案 2

建筑的外立面窗框采用伊斯兰建筑中尖拱的设计元素，立面材料以米黄色涂料为主，整体简单且富有民族特色。

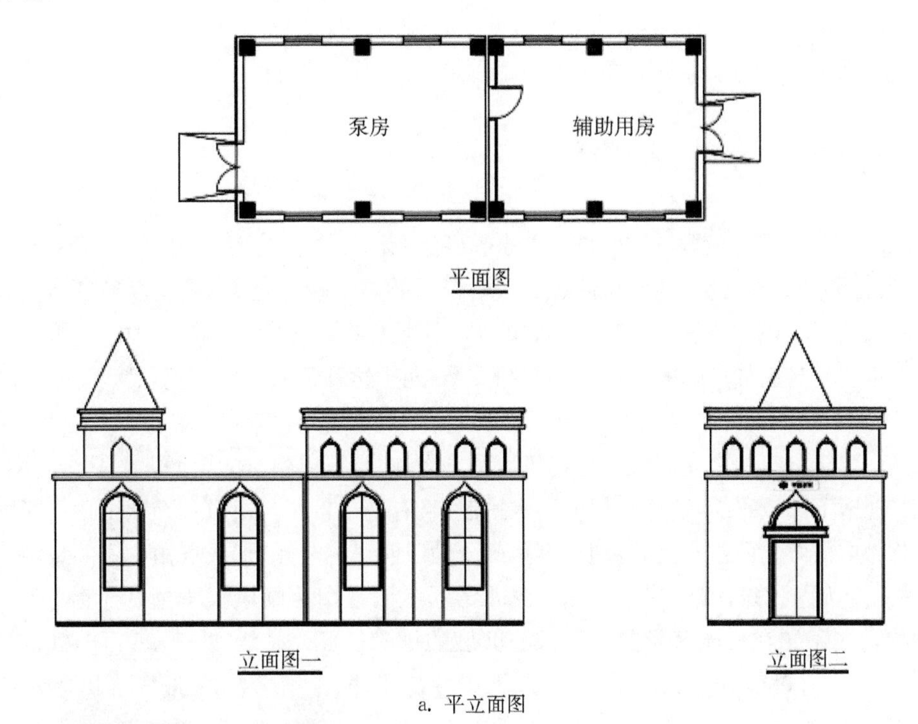

a. 平立面图

b. 效果图

第五章　小型泵房艺术设计典型案例

5.1　案例1——陆洲泵站(古典风格)

中国古典建筑在形式感、造型、格调、色彩关系、高度变化、线条变化等方面，总是从系统美学总体审美效果上创造群体和谐统一之美，强调与环境关系所造成的烘云托月之美，强调亲和自然之美。中国建筑是内向的、收敛的，其欣赏方式不仅有静态的“可望”，而且也有动态的“可游”。中国建筑不仅重视近区的环境美，而且也注重与更加广阔的大自然的亲和关系，期望达到天人合一的理想境界。人化的自然、自然的人化在中国园林创作设计中得到了淋漓尽致的发挥与展示，在建筑设计中从多方位、多层次充分地展示，体现中国古建筑深厚的文化底蕴。在建筑造型方面，中国古典建筑的屋面一般都做有明显的曲线，屋顶上部坡度较陡，下部较平缓，这样既便于雨水排泄，又有利于日照与通风。在歇山顶与庑殿顶的建筑中，屋檐都有意做成微微向两侧升高，特别是屋角部分做成明显的起翘，形成翼角如飞的意境。

陆洲泵站前身为六洲排涝站，位于扬州市扬子津科教园区南京邮电大学通达学院东南角、仪扬河北岸，主要承担着扬子津科教园区及其东侧部分区域的排涝任务。其始建于1960年，2008年拆建，设计抽排流量3.0 m^3/s，自引流量3.0 m^3/s。2021年进行改造，改造后的陆洲泵站共含装机水泵3台套，其中轴流泵2台套(原设计水泵)，中部闸孔增设潜水泵1台套，抽排流量约4.0 m^3/s。陆洲泵站结合扬州特有的园林风格及周边环境，采用中式古典建筑。古典建筑结合了中华民族千百年传承的智慧和工匠人精巧的手艺，让人望而起敬。建筑是凝固的艺术，中国古典建筑更是积淀了中华物质文明与精神文明的艺术载体，是世界建筑史上绚丽夺目的文化瑰宝。园林式建筑设计的手法一般采用“点、线、面”的组合形式。如果大学园区和科教园区的范围以“面”来看，那陆洲泵站的管理区可以作为“点”来规划设计，打造成一个园林式管理区(如图5.1-1所示)。

图 5.1-1　陆洲泵站实景图

园林式管理区的设计理念以单体的古典建筑结合自然景观，形成园林式；管理单位采用古典建筑的盝顶，泵站采用歇山顶，整个管理区屋面为木构架，并有变化多样的装修与装饰。陆洲泵站整体采用飞檐，渗透着浓浓的中国风，素雅、沉稳、古朴、古色古香。飞檐是中国传统建筑檐部形式，多指屋檐特别是屋角的檐部向上翘起，若飞举之势，常用于建筑的屋顶转角处，四角翘伸，形如飞鸟展翅，轻盈活泼，所以也常被称为飞檐翘角。飞檐为中国建筑民族风格的重要表现形式之一，通过檐部的这种特殊处理和创造，不但扩大了采光面、有利于排泄雨水，而且增添了建筑物向上的动感，仿佛有一种气将屋檐向上托举，建筑群中层层叠叠的飞檐更是营造出壮观的气势和中国古建筑特有的飞动轻快的韵味。

中国古代建筑对于装修、装饰特别讲究，凡一切建筑部位或构件，都要美化，所选用的形象、色彩因部位与构件性质不同而有别。陆洲泵站整体色调为白墙、黑瓦、栗壳色，以栗壳色贯穿整个建筑群，丰富了建筑外观装饰。本案例属于江南园林建筑，江南园林多为粉墙黛瓦，绿树碧水，均以淡雅为主。梁、柱和木制的部分为栗壳色，墙面主体采用白色，实行栗壳色与白色的组合方式，两相衬托，显得简洁明快，赏心悦目；勒脚运用仿清水砖面装饰，使建筑在颜色方面更显稳健。从颜色的总体成效来看，园林建筑追求鲜明而猛烈的效果，但也要与整体环境相和谐，不求给人以刺激的感觉，而要一种寂静祥和的感觉（如图 5.1-2 所示）。

图 5.1-2　陆洲泵站局部图

陆洲泵站的总体布局以河道为中心，临水布置了形体不一、高低错落的建筑，主次分明。整个管理区临水而建，泵站则直出水中，具有江南水乡的特色。管理区内采用组团种植的设计手法，增强绿化层次，其中骨干树种主要有丛生朴树、乌桕、香樟、合欢等，配植红梅、碧桃、垂丝海棠等开花灌木和红枫、鸡爪槭等色叶植物，局部林下种植毛鹃、丰花月季等开花地被点缀，采用丰富的植物品种，将乔灌花草相结合，实现优化配置。在站区节点处栽植造型树，点缀景观石，合理搭配植物球，突出节点景观，强调精巧别致，讲求意趣。常绿与落叶树种合理搭配，营造自然生态的植物景观。

5.2　案例 2——七里河闸站(新中式风格)

新中式建筑，沿用了中式传统建筑设计中的典雅、古朴、宁静、厚重的美感，将中国古典建筑元素提炼融合到现代人的生活和审美习惯中，是传统中国文化与现代时尚元素在时间长河里的邂逅。它让古典元素更具有简练、大气、时尚等现代元素，为现代空间注入凝练唯美的中国古典情韵，以现代的设计语言表现传统的精神内涵，将现代元素与传统元素有机地结合，以现代人的功能需求和审美爱好打造富有传统韵味的建筑，让传统艺术在当今社会得到合适体现。

七里河是扬州主城区东片的骨干排涝河道，沟通连接古运河与京杭大运河，横跨东南片区与三湾景区，排涝面积 6.31 km^2。七里河闸站改建工程旨在提升泵站排涝能力，对现状进行管理拆建，同步改造站区配套设施。该工程的实施，将提高七里河片区抽排能力，达到规划 20 年一遇标准，抽排流量为 9.8 m^3/s，设计自排流量 13.0 m^3/s，校核自排流量 27.7 m^3/s。同时本案例设计的理念兼顾与运河的和谐对话，与三湾景区的整体形成统一的唐风韵味，采用新中式结合唐风元素的建筑设计风格。

首先，七里河管理区依运河而建，运河因隋而生，兴于唐代，并源远流长。扬州之于唐朝也是重要的商业中心，西有长安城，东有扬州。史料有："扬州地当冲要，多富商大贾，珠翠珍怪之产。"可见当时扬州之繁华，更可见古运河之兴盛。扬州古运河城区段从湾头至瓜洲入江，可分为城南运河、三湾、瓜洲运河三段。这个全长不到 30 km 的河道，却有着悠长的历史和不尽的人文。从隋唐到明清，一路走过隋炀帝、唐代高僧鉴真……更有康熙、乾隆六下江南的传奇。

其次，七里河管理区同时位于古运河三湾段的运河三湾风景区内，西与扬州经济技术开发区毗邻，东与广陵区相接，北经大学南路与扬州市中心紧密相连，南侧为 328 国道、沪陕高速。景区以运河三湾及周边湿地风光为依托，因地制宜地配置人文景观及休闲设施而形成大型生态人文景区。运河三湾风景区现为世界文化遗产、国家水利风景区、4A 级景区。运河三湾风景区的规划建设是加快推进扬州作为世界旅游城市发展的重要内容之一，景区规划建设以扬州的高旻寺和文峰寺为端点，以古运河为轴线，以运河三湾风景区为核心，充分彰显水工技艺和运河文化，打造与瘦西湖相呼应的城市南部风景名胜区。运河三湾风景区蕴藏着丰富的历史文化底蕴，是古运河历史文化的重要传承，是扬州最宝贵的文化财富之一，具有很大旅游开发价值。随着三湾风景区沿古运河核心区景观的建设完善，中国大运河博物馆的建成，继续打造周边文旅休闲板块，是将三湾景区建设成为文化旅游休闲度假区的重要一步。古运河三湾慢生活街区的建筑以唐韵展开，借唐之商业繁华之街巷形制，唐之建筑之风格，唤醒辉煌记忆——扬州运河之兴。

最后，七里河闸站的建筑设计充分利用区位和环境优势，与三湾街区整体规划氛围和谐统一。管理区整体采用漂浮的院子设计理念，建筑与园林相结合，区内配置了梅花、早樱、丛生桂花等众多绿化搭配，实现季季有色调、四季有花开的园林设计理念，同时整体景观和单元景观的协调融合塑造了三湾风景区完整的城市形态；设计的内涵尊重历史文脉，发扬扬州悠久的历史文化底蕴，研究中国传统建筑的精髓，创造新的中国样式作为整个建筑的表现语言，并最终体现高档稳重的整体新中式氛围(如图 5.2-1 所示)。

图 5.2-1　七里河闸站效果图 1

七里河闸管理区的设计理念为漂浮的院子，这一理念贯穿整个设计，包含两个方面的主要内容：

(1) 院子的概念：院落与园林空间的结合，在新建筑中体现传统空间的韵味

园林是建筑群组织的主要方式，仍然以基本的院落组成为基本模块，然而空间布局灵活，不再拘泥于规整的形状，象天法地，取法自然，以营造景观为主，建筑作为背景出现。

园林是有趣味的空间组织形式，强调步移景异，使行走空间大且景物不断变化。内部建筑体量以二层左右低矮建筑为主，以谦虚的姿态融入公园景观之中，通过屋面的错落形成丰富的建筑层次，以建筑园林化的形式形成园中一景(如图 5.2-2 所示)。

图 5.2-2　七里河闸站效果图 2

(2) 新唐风概念:水的柔曼

建筑整体上体现的是一种新中式风格的唐风化,但不是简单地对历史遗迹的模板复刻,而是一种现代与传统的融合。

强调浑厚建筑体量与精致立面细节的碰撞,外墙构成多采用石材、玻璃、金属等元素,色彩以红、白、黑、木色为主,在立面的构成中考虑融入现代手法。节点建筑融入更多的传统元素,采纳唐风建筑的特点:大挑檐、三段式。立面设计做到再现古意又有新意,力求在新唐风的统一基调下,与三湾街区周边整体规划氛围和谐统一(如图 5.2-3 所示)。

图 5.2-3　七里河闸站效果图 3

这种建筑风格能够更好地展现盛唐建筑的宏大规模、雄状气势和高迈格调，并兼顾现代创作手法与城市总体规划，在为欣赏者带来身临其境的“现场感”的同时，使其领悟这种建筑艺术带来的“壮美”的审美体验。

5.3　案例3——天菱河沿线排涝站(现代风格)

现代主义建筑思想是指二十世纪中叶，在西方建筑界居主导地位的一种建筑思想。这种建筑的代表人物主张：建筑师要摆脱传统建筑形式的束缚，大胆创造适应于工业化社会的条件、要求的崭新建筑。因此这种建筑具有鲜明的理性主义和激进主义的色彩，又称为现代派建筑。

现代建筑采用简约、纯净的体形，整个立面简洁、规整，色彩运用方面稳重、大方，外立面整体性强、干净，常常会采取消弱角部，打破空间六面体的手法，突出围合元素——点、线、面，在实际运用中，更强调建筑的现代感和时尚感。

天菱河又名秦栏河，为《江苏省骨干河道名录》中确定的跨县重要河道，河道主要功能为防洪、排涝、灌溉。秦栏河源于江淮分水岭北侧的仪征市陈集镇立新水库和安徽省天长市官桥水库，两处水源共同汇入仪征市大仪镇山头水库和香沟水库，下游流经仪征市大仪镇，天长市秦栏镇，高邮市送桥镇、菱塘回族乡，最后流入高邮湖，属于淮河流域，主河道长 33.9 km，总汇水面积 299 km^2。秦栏河在江苏境内起于仪征市立新水库，河道长度 15.7 km，其中高邮境内称为天菱河，南起天长交界，向北经菱塘入高邮湖，河道中心线长 11.4 km，右岸堤防长 12.9 km，沿线有顾庄引水河、茆家菱沟河、马家引水河等支河，天菱河(高邮段)涉及备荒圩、备战圩、龚家圩、大联圩、马家圩和殷河圩 6 个中小圩(如图 5.3-1 所示)。

2022 年，为充分发挥天菱河的防洪排涝效益，结合送桥镇、菱塘回族乡两个乡镇对天菱河进行系统治理的期望，根据江苏省水利厅规划计划处《关于开展 2022 年度中小河流治理项目筛选工作的通知》(苏水计函〔2021〕15 号)文件，高邮市计划对境内天菱河进行综合治理，与沿高邮湖其他地区协同开展生态保护，共同建设人与自然相和谐的绿色生态湖泊，构建水资源和水生态保护，共同构筑起江淮大地的生态安全屏障。高邮高新区以打造国内知名的生态新区、智慧新城为愿景，将高邮高新区建设成为产业创新智能、环境绿色生态的新区。建设内容主要为：对天菱河及支河进行堤防加固、堤坡生态防护，对天菱河入湖口段及支河进行河道疏浚，并实施水土保持、绿化工程，对沿线建筑物拆建，建设防汛道路等。

天菱河沿线建筑物主要有沙湖南、龚家南圩、大联圩北、殷河南、殷河北、马家圩排涝站。建设项目基于对周边环境的考察及传统建筑的传承，并非刻板地复制一些固有的建筑符号，而是关注现代建筑的内在联系，使其起到画龙点睛、以点带面的作用，达到总体布局中现代建筑与固有传统建筑完美融合的状态。本项目设计方案主要采用现代风格的建筑(除临近神居山的大联圩北排涝站采用楚汉建筑风格)，力求体现现代建筑的特征与时代感。方案采用富有雕塑感的形体组合，强调简洁体块的穿插与力量，使建筑群具有强烈的视觉冲击力与独特的标志性。对于立面肌理的刻画，方案简化构成手法，通过幕墙构造的搭配设计，使立面肌理趋于均质化，以达到外在表现与现代元素的最大限度的统一。方案通过建筑的体量比例，建筑形体的轮廓线、线脚、门窗线条等多样化的建筑细部处理，创造丰富的建筑。本项目的材质大多选用经典建筑语汇中内敛的红砖、干挂铝板、干挂石材等，使得建筑

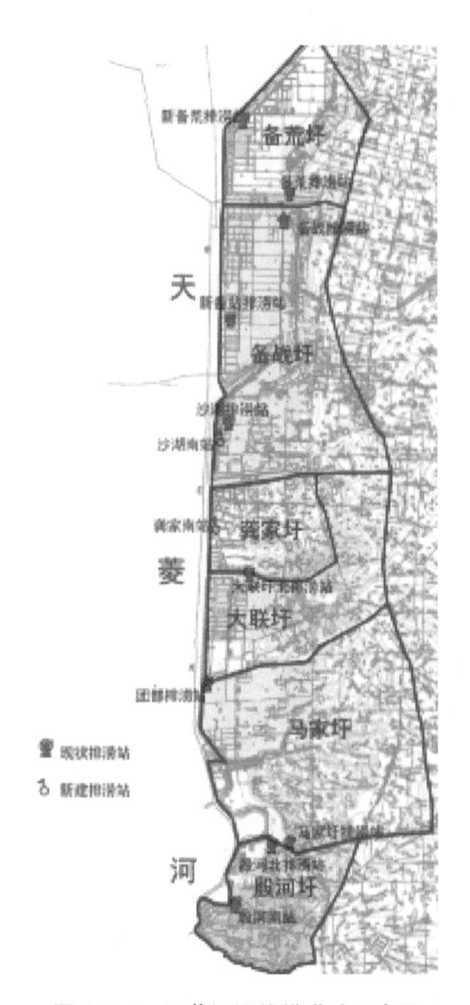

图 5.3-1　天菱河沿线排涝站示意图

内敛沉稳、雍容大气。立面色调以浅色为主，体现了大气、冷静、有气质，硬朗的线条突出了威严与沉稳，建筑的体量上的合理控制，强调整体视觉冲击感，局部采用不同材质的交替和结合，变化中寻求统一，和谐中体现个性，充满了节奏感与韵律感。

位于天菱河一条线上的建筑物从北到南分为“水”“桥”“山”三个系列。其中，沙湖南、龚家南圩排涝站为“水”系列；大联圩北排涝站为“桥”系列；殷河南、殷河北、马家圩排涝站为“山”系列。

(1) 沙湖南排涝站——“水”

沙湖南排涝站设计流量 1.43 m^3/s，以“水之川”为主题，作为最靠近高邮湖的一座建筑物，整体造型以水为意向，从高到低的流线如行云流水般，隐喻入湖的概念（如图 5.3-2 所示）。沙湖南排涝站外墙及屋面材料采用干挂铝板，营造线条流畅的“水”寓意，体形高度上采用从高到低的设计理念，舒展的建筑线条融合天菱河水天一色的自然意向，形成了起伏、变化、高低，构成了建筑的流向，契合隐喻入湖的概念。同时主体建筑物局部配合大面积的玻璃幕墙，使得建筑物从不同角度呈现出不同的色调，随阳光、月色的变化给人以动态的美；整个色调以浅色的白色为主，展现活泼、生动的景象和气质，体现一种舒适的氛围。

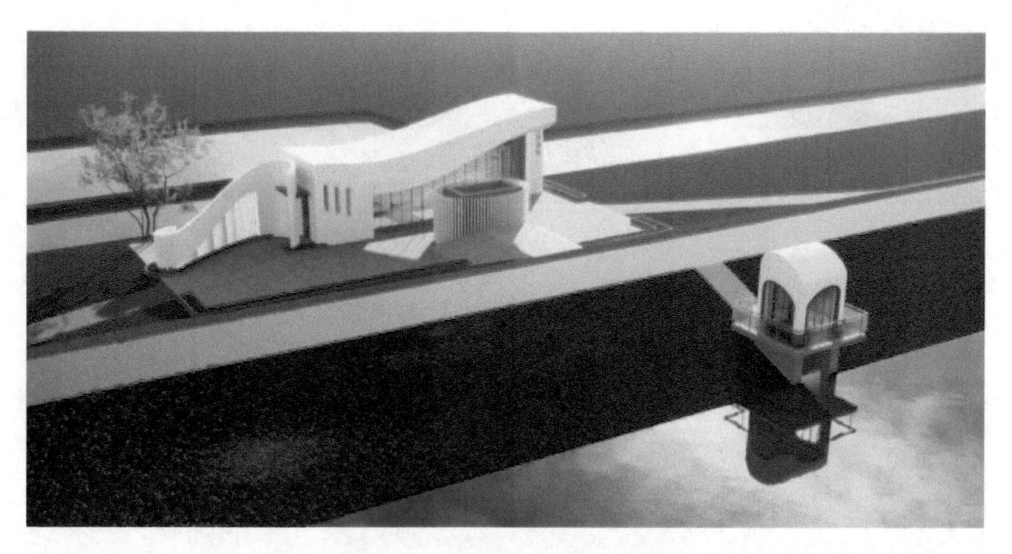

图 5.3-2　沙湖南排涝站效果图

(2) 龚家南圩排涝站——“水”

龚家南圩排涝站设计流量 1.84 m^3/s,同样以“水之川”为主题,以象征水波的弧形屋顶为重点(如图 5.3-3 所示)。外墙及屋面材料采用干挂铝板与干挂石材相结合,屋面采用弧形金属板,营造出“水波”的意象,体现流畅的波浪形的曲线造型。细部白色曲线的运用与整个造型相呼应,突出了波状的曲线,通过白、深灰色等的颜色运用,和谐中赋予了层次性的变化,使整个立面庄重典雅,强烈地传递出立面的韵律感和时尚感,为原本生硬版式结构注入了无限活力。整个建筑遵循周边环境的样式以及环境与水面的关系,低缓飘逸的外形、简洁大气的立面以及流畅的屋面,使得整个建筑轻盈地漂浮在水面之上,实现建筑与自然的对话。

图 5.3-3　龚家南圩排涝站效果图

(3) 大联圩北排涝站——“桥”

大联圩北排涝站设计流量 0.84 m^3/s,因其临近神居山,整体建筑参照楚汉建筑风格(如图 5.3-4 所示)。并且,由于其地理位置位于天菱河一条线的中间,建筑形式以“桥”为意向,寓意连接南面的“山”与北面的“水”,却道是:“桥形通汉上,峰势接云危。”

主体大面积透明的玻璃寓意桥洞,和白色的墙体组成“桥”的概念,褐色柱梁就如桥上的廊道一般。一座“廊桥”横跨在水面之上连接着“山”和“水”,而在“桥”上既可遥观“远山之雄”又可近赏“镜水之秀”。

图 5.3-4　大联圩北排涝站效果图

(4) 殷河北排涝站——“山”

殷河北排涝站属于“山”系列,建筑方案以“山之川”为主题,建筑造山取势,远望汲取山之“剪影”,近观形成水之“倒影”,整体建筑呈现山势起伏连绵之韵(如图 5.3-5 所示)。外墙采用红砖与玻璃相结合,打造一种现代风格的品质感,立面上红砖形成的不同的肌理和凹凸,使整个立面造型简洁大气。屋顶通过错落的形体设计,营造“山”之势,“山”与自然共生。本着与自然环境色彩和谐共生的原则,排涝站采用明快的暖色系,使最终的建筑物相对鲜明、醒目。

(5) 马家圩排涝站——“山”

单色调是现代建筑物常用的设计色彩,充分体现了建筑物庄重、严肃的色彩风格,备受现代建筑推崇,与周边环境相对契合,营造独特的水利人文景观。

建筑方案采用简单的红砖、高低不一的屋面、凹凸的墙面,简洁的色彩好似山之色,复杂的造型好似山之形,两者相结合,完美显示山之气势(如图 5.3-6 所示)。

(6) 殷河南排涝站——“山”

殷河南排涝站同属“山”系列,以具有土地记忆的红砖作为设计元素,借具有水文化隐喻的高低起伏为形态,延续“山之川”文脉(如图 5.3-7 所示)。立面上红砖形成的不同的肌理和凹凸,使整个建筑物更具有立体感和厚重感。

殷河南排涝站位于整个沿线建筑的端部,建筑形体相较于殷河北和马家圩略为简洁,好似山峦的坡脚,没有山峰的巍峨,却有着自身的精彩。

殷河南排涝站与水利工程的出水池、启闭机房形成一个统一环境，具有协调性。位于排涝站前面的出水池局部采用了红砖贴面，加强出水池的存在感及其与周边建筑的统一，体现出拥有土地记忆的红砖与排涝站的和谐性。启闭机房采用石材贴面与红砖贴面相结合，底部采用石材，象征水工构筑物的延伸，顶部局部采用红砖，是为了与排涝站“对话”，形成一致的建筑群体；立体上的变形更能体现“山”系列的独特形态。

图 5.3-5　殷河北排涝站效果图

图 5.3-6　马家圩排涝站效果图

图 5.3-7 殷河南排涝站效果图